KB216328

어린이 과학문화 총서

매직 과학실험 115가지

어린이 과학문화 총서

매직 과학실험 115가지

초 판 : 2005년 10월 1일
3 쇄 : 2011년 4월 30일

지은이   윤 실
그 림   김승옥
펴낸이   손영일

펴낸 곳 : 전파과학사
출판등록 : 1956. 7. 23 (제10-89호)
주소 : 120-824 서울 서대문구 연희 2동 92-18
전화 : 02-333-8877. 8855
팩스 : 02-334-8092
홈페이지 : www.s-wave.co.kr
E-mail : s-wave@s-wave.co.kr

어린이 과학문화 총서

매직 과학실험 115가지

편저자 : 윤 실 (이학박사)
그 림 : 김승옥

전파과학사

차 례

제3장 액체의 성질을 알아보는 실험

제4장 힘과 운동의 과학 실험

제5장 전기와 자기, 마술 같은 트릭 실험

제6장 생활 속의 과학, 환경과 건강

머리말

자연과학은 자연에서 일어나는 온갖 현상에 대해 의문을 가지고 그 해답과 진리를 찾아내는 학문입니다. 과학을 좋아하는 청소년은 이 과목이 재미있기 때문에 즐겁게 공부합니다.

과학자는 어떤 문제를 발견했을 때 실험이나 관찰을 통해 그것을 확실하게 증명하고, 의문을 해결하도록 연구하는 사람들입니다. 오늘날 과학은 국력입니다. 우리나라의 미래는 어린이 여러분의 과학 능력에 달렸습니다.

전파과학사의 <어린이 과학문화 총서>는 여러분을 그러한 과학자로 이끌어가는 책입니다. 이 책에 실린 모든 실험, 관찰, 공작들은 실험실이 아닌 집이나 야외에서 할수 있는 것들이며, 실험을 위해 돈을 들여 사야할 것은 거의 없습니다.

실험상의 주의

1. 각 실험을 할 때는 먼저 전체를 읽어 실험 내용을 완전히 이해한 뒤에 준비물을 차리고 순서(실험 방법)에 따라 합니다.
2. 실험에 쓰이는 '준비물'은 전부 옆에 가져다 놓은 뒤에 시작합니다. 준비물은 이책에서 지정한 것과 똑같지 않은 것으로 응용하여 할 수 있습니다.
3. '실험 방법'은 순서를 잘 지켜야 하며, 안전에 주의해야 합니다. 만일 손수 하기 어렵거나 위험한 일이라고 생각되면 부모님의 도움을 받도록 해야 합니다.
4. '실험 결과'에서는 실험의 답을 쓴 것도 있지만, 많은 것은 직접 실험하여 그 해답을 여러분이 찾아내야 합니다.
5. 과학실험이나 공작은 정확해야 하므로 길이, 무게, 부피 등을 측정할 때는 세심하게 합니다. 실험한 내용과 결과 및 의문사항 등은 기록으로 남기도록 합니다. 여러분이 오늘 가진 의문이 뒷날 매우 중요한 연구과제가 될 수 있기 때문입니다.
7. 수학적으로 풀어야 할 것에 대해서는 스스로 할 수 있는 범위까지 해보도록 합니다. 과학자는 수학공부도 잘 해야 하는 이유를 여러분을 실험 중에 알게 될 것입니다.

내용의 구성

이 책의 실험 내용은 다음과 같이 5개의 항목으로 구성했습니다.

1. 제목 - 실험의 제목과 실험을 하는 이유를 간단히 나타냅니다.
2. 준비물 - 실험, 관찰, 공작에 필요한 재료를 모두 표시합니다.
3. 실험 목적 - 무엇을 알기 위해서 이 실험을 하는지 그 목적을 나타냅니다. 과학논문의 '서론'과 비슷합니다.
4. 실험 방법 - 실험을 성공적으로 해가는 과정을 순서대로 보여줍니다.
5. 실험 결과 - 실험을 통해 알게 된 사실(결과)을 말해줍니다.
6. 연구 - 실험과 연관된 중요한 내용을 추가로 설명하면서, 실험 후 새롭게 생길 수 있는 의문들도 적었습니다. 독자들은 이 외에도 더 많은 질문이 생길 것이며, 이들 의문에 대한 답은 실험을 계속하여 알아내거나, 상급학년으로 오르면서 차츰 배우게 될 것입니다.

책에 소개된 실험과 공작 내용을 별도 노트를 준비하거나, 컴퓨터 파일을 만들어 기록해 두는 습관을 가진다면, 그것은 진정한 과학자의 태도입니다. 그리고 이 책의 내용보다 더 좋은 방법으로 실험할 수 있는 방안을 고안해내는 것 또한 과학자의 정신입니다.

부모님에게

이 책은 각 항목마다 과학지식과 원리를 지도하는 동시에 다른 많은 과학적 아이디어와 의문 사항을 제공합니다. 이것은 청소년들로 하여금 과학에 대한 흥미를 더욱 북돋우고, 동시에 장차 과학자가 될 꿈을 갖게 하는 것을 목적하고 있습니다.

그러므로 부모님은 이 책의 내용대로 실험하고 관찰하는 자녀들의 안전을 지켜주는 동시에, 실험한 것을 기록하는 습관을 자녀들이 가지도록 장려하기 바랍니다. 왜냐하면 그것이 논리적으로 생각하고 정리하는 과학자의 기본 정신이기도 하려니와, 그렇게 하는 동안에 더 많은 과학적 의문과 아이디어를 이끌어낼 수 있기 때문입니다. 또한 그러한 기록 훈련을 통해 자녀는 논리적으로 생각하고 결론에 이르는 논술 능력을 자연스럽게 향상시켜갈 것입니다.

이 책에 실린 실험, 관찰, 공작의 자랑

1. 어려워 보이던 자연의 법칙과 원리를 쉽게 이해하며, 한번 익힌 것은 영구히 잊지 않도록 머리 속에 기억됩니다.
2. 온갖 현상을 과학자처럼 관찰하고 생각하는 능력과 태도를 가지게 합니다.
3. 많은 궁리를 깊이 함으로써 창조력이 넘치는 훌륭한 발명 발견 능력을 가진 과학자로 성장하게 합니다.
4. 실험은 할수록 더 많은 의문을 가지게 하며, 동시에 더 많은 것을 알고 싶어 하는 지식욕을 가지게 됩니다.
5. 문제들을 깊이 분석하고, 논리적으로 생각하고, 추리하고, 파헤치는 능력을 기릅니다.
6. 계획성 있는 버릇을 갖게 하며, 무슨 일을 하더라도 높은 해결 능력을 가진 사람이 됩니다.
7. 손수 만들고 실험한다는 것은 스스로 공부하고 일하는 독립정신을 길러줍니다.
8. 실험한 내용을 노트나 컴퓨터에 기록하는 습관은 일을 정확하고 정직하게 처리하는 훌륭한 과학자의 정신과 태도를 길러줍니다.
9. 자연을 관찰하고 환경에 대한 지식을 가지면서 자연스럽게 훌륭한 환경보호자가 됩니다.
10. 실험, 관찰, 공작을 해보는 동안 저절로 훌륭한 솜씨를 가지게 하고, 각종 안전사고와 위생 등에 대한 지식을 가지게 하여 자신과 가족을 보호하도록 합니다.

제1장
비누방울 실험
기체의 성질

실험1 고무풍선처럼 거대한 비누방울 만들기

┌─── 준비물 ───
- 비눗물을 담을 접시
- 물, 물비누(주방용), 숟가락
- 굵기가 다른 몇 가지 스트로
- 속이 빈 파이프, 직경이 다른 종이컵, 깔때기
- 종이, 가위, 접착테이프
- 설탕, 글리세린(약국에서 산다)
└─────────────

실험 목적
비누방울을 만들어보면, 풍선처럼 큰 것을 불어보고 싶어진다. 아름다운 비누방울을 아주 크게 만들어 가족과 친구들을 깜짝 놀라게 해보자.

실험 방법

1. 물비누 1숟가락에 따뜻한 물 6숟가락을 접시나 종발에 담고 잘 휘젓는다.
2. 가느다란 스트로로 비누방울을 분다. 보다 직경이 굵은 것으로 분다. 가장 큰 스트로로 불어보자.
3. 굵은 스트로의 끝을 그림처럼 십자 모양으로 잘라 편 상태로 불어보자.
4. 종이컵 바닥에 구멍을 내고, 그 구멍으로 입김을 불어 커다란 비누방울을 만들어보자.
5. 깔때기가 있으면 그것으로도 불어보자.
6. 깔때기가 없으면 사각형 종이를 비스듬히 말아 종이 나팔을 그림처럼 만들어 불어보자.

실험결과 스트로의 직경이 클수록, 스트로 끝을 넓게 폈을 때, 파이프나 종이컵이나 깔때기처럼 아가리가 클수록 더 큰 비누방울을 만들 수 있다. 또한 물비누를 더 많은 비율로 섞으면 보다 큰 비누가 만들어진다.

연구 비눗물은 표면장력이 약하기 때문에 물과 달리 잘 터지지 않고 커다란 비누방울이 만들어진다. 물비누를 많이 넣으면 표면장력이 더 약해지므로 보다 큰 비누방울을 만들 수 있다. 종이깔때기로 비누방울을 만들 때는 숨을 한껏 들여 마시고 불어야 크게 만들 수 있다. 친구들과 크게 불기를 해보자.

물6

물비누

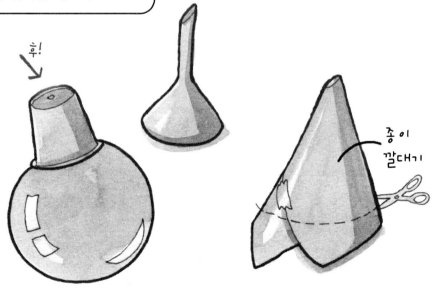

후!

종이 깔대기

 실험2 잘 터지지 않는 비누방울 만들기

┌─ 준비물 ──────────────────────
│ – 실험1-1의 재료
│ – 설탕, 글리세린, 젤라틴
│ – 냉장고
└────────────────────────────

실험 목적

비누방울을 만들어보면, 누구나 더 크고, 터지지 않고 오래 가는 비누방울을 불어보고 싶을 것이다. 그 방법을 연구해보자.

실험 방법

1. 실험1-1과 같은 방법으로 비눗물을 만들고, 거기에 설탕 1숟가락이나 글리세린 1숟가락을 섞어 같은 방법으로 불어보자.
2. 만든 비눗물을 냉장고 안에 1시간 정도 두었다가 불어보자. 더 오래 가는가?

실험 결과

- 설탕이나 글리세린을 섞어 만든 비눗물은 더 오래가는 비누방울을 만든다.
- 냉장고에서 차게 식힌 비눗물로 분 비누방울이 더 오래 간다.

연구

스트로의 직경이 클수록 큰 비누방울을 만들 수 있음을 알았다. 일단 만들어진 비누방울이 터지는 것은 수분이 증발하여 두께가 너무 얇아졌기 때문이다.

비눗물에 설탕을 녹이거나, 글리세린(또는 젤라틴)을 섞으면 증발 속도가 느려진다. 또한 냉장고에서 꺼낸 비눗물은 온도가 차기 때문에 따뜻한 것보다 천천히 증발한다.

* 〈과학문화 총서〉 제1권의 실험67, 제2권의 실험32, 33, 34에도 비누방울을 이용한 재미난 실험들이 소개되어 있다.

설탕

글리세린

실험3 비눗방울 2개를 동시에 불어내는 방법

준비물
- 비누방울이 크게 생기고 오래 가는 비눗물 (실험1-2 참고)
- 긴 스트로와 가위

비누방울을 다양하게 만드는 여러 가지 발명품이 팔리고 있다. 작은 비누방울이 연달아 포도송이처럼 피어나는 장치도 있다. 커다란 비누방울 2개를 동시에 불어내는 솜씨를 독자들이 발휘해보자.

실험 목적

실험 방법

1. 긴 스트로를 그림과 같이 양쪽을 가위 끝으로 잘라 십자형으로 만든다.
2. 스트로의 중간을 3분의1 정도만 잘라 끊어지지 않고 젖혀지도록 한다.
3. 스트로 양쪽에 비눗물을 적신 뒤, 젖혀진 중간 부분을 입에 물고 서서히 입 바람을 불어보자.

실험 결과 두 개의 스트로 끝에서 커다란 비누방울 2개가 듀엣으로 생겨난다. 날리면 두 개가 동시에 공중에 떠오른다.

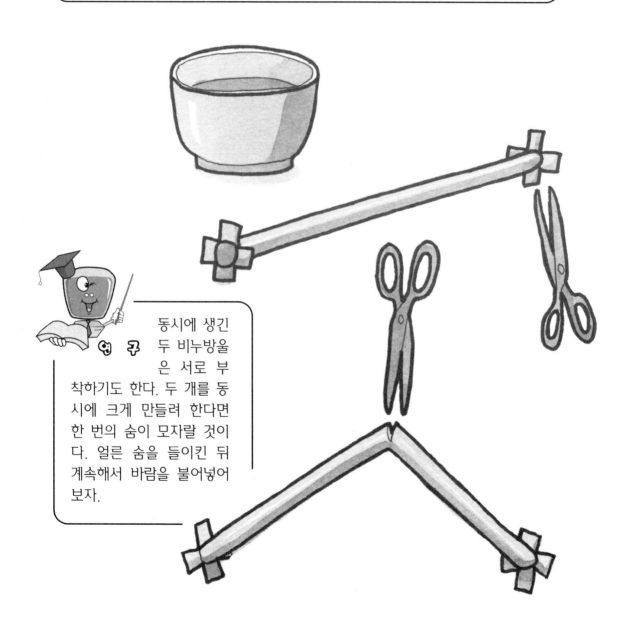

연구 동시에 생긴 두 비누방울은 서로 부착하기도 한다. 두 개를 동시에 크게 만들려 한다면 한 번의 숨이 모자랄 것이다. 얼른 숨을 들이킨 뒤 계속해서 바람을 불어넣어 보자.

비눗방울을 올려놓는 멋진 장식스탠드 만들기

┌─ **준비물** ─────────────────────────────
- 비누방울이 오래도록 터지지 않는 비눗물 (실험1-2 참조)
- 직경이 굵은 스트로 (큰 방울을 만들 수 있도록 입구를 십자로 만든 것)
- 철사 약간, 양초, 크기와 키가 다른 몇 가지 유리병이나 유리컵
└──────────────────────────────────────

실험 목적 크게 만든 비누방울을 터지지 않은 상태로 어딘가에 올려놓을 방법은 없을까?

실험 방법
1. 철사 끝에 직경 2-4센티미터 되는 고리를 반듯하게 만들고, 이것을 양초 위에 꽂아 스탠드를 만든다.
2. 드링크 병, 요구르트 병, 음료수병, 큰 물병 등을 탁자 위에 놓는다.
3. 스트로를 불어 작은 비누방울이 되었을 때, 그것을 철사 스탠드 고리 위에 놓으면 터지지 않고 둥근 모양을 유지하고 있다.
4. 그 상태로 입 바람을 계속 불어넣으면 커다란 비누방울이 된다.
5. 같은 요령으로 비누방울을 만들어 각종 병과 컵 위에 올려놓아보자.

실험 결과 철사 고리나 유리병 위에 매우 큰 비누방울을 얹어, 무지개 빛이 찬란한 예술품을 만들 수 있다.

연구 처음에는 몇 차례 실패하지만, 곧 쉽게 스탠드 위에 비누방울을 예쁘게 올려놓을 수 있다. 비누방울을 크게 분 상태로 그것을 스탠드나 병에 올려놓으려 하면, 비누막이 너무 얇기 때문에 잘 터져버린다. 그러므로 작게 분 것을 스탠드에 올려놓고 더 불어 커지도록 한다.

실험5 | 비누방울 속에 비누방울을 2중으로 만들어보자

준비물
- 크고 오래 가는 비누방울 제조액
- 스트로 2개
- 철사로 만든 비누 스탠드 (실험1-4 참조)

실험 목적

이제 여러분은 비누방울 만드는 마술사가 되었다. 비누방울 속에 비누방울을 이중으로 불어넣는 실험을 해보자.

실험 방법0

1. 스트로로 비누방울을 크게 불어 한 손에 든다.
2. 다른 스트로에 비눗물을 적셔 먼저 만든 비누방울 속으로 밀어 넣는다.
3. 조심스럽게 불면 비누방울 내부에 또 하나의 비누방울을 만들 수 있다.

실험 방법2

1. 비누방울을 만들어 실험 1-4처럼 철사 스탠드나 유리병 위에 올려놓는다.
2. 스트로에 비눗물을 적셔 비누방울 속으로 밀어 넣고 이중 비누방울을 만든다.
3. 솜씨가 익숙해지면 제3의 비누방울도 만들어보자.

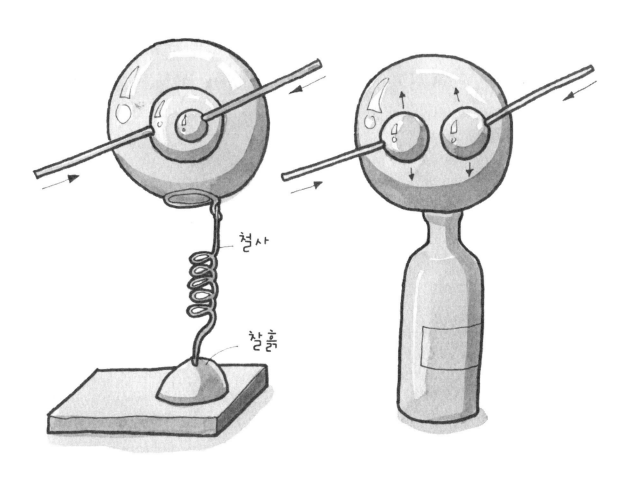

철사

찰흙

실험 결과 노력과 정성에 따라 이중 비누방울을 만들 수 있다.

연구 이중 비누방울을 만들면, 내부의 방울이 불어남에 따라 1차로 만든 외부 비누방울은 확대된다. 유리컵 위에도 비누방울을 올려놓고 실험 해보자.

실험6 무지개 빛 찬란한 거대한 비누 막 만들기

┌─ 준비물 ─────────────────────┐
- 실험1-1의 비누방울용 비눗물
- 긴 스트로 2개
- 나일론실 조금
- 납작한 사각형 쟁반
└──────────────────────────────┘

실험 목적

비누방울 대신 거대한 비누 막을 만들어 비누막이 가진 표면장력을 조사해보자.

실험 방법

1. 비누방울 제조용으로 만든 비눗물을 널따란 쟁반에 붓는다.
2. 2개의 스트로 양쪽에 그림처럼 길이 25~30센티미터의 실을 단단히 맨다.
3. 실을 맨 스트로를 비눗물에 적신다. 실과 스트로를 비눗물에 적실 때는 실을 팽팽하게 하지 않아도 된다.
4. 비눗물이 적셔지면 스트로를 좌우로 팽팽히 당겨서 편 상태로 쳐든다.
5. 스트로와 실 사이에 비누막이 생기고 무지개 빛이 아롱거릴 것이다.
6. 스트로 사이를 좁혔다 넓혔다 해보자. 비누 막에 어떤 현상이 생기나?

실험 결과

스트로 간격을 좁히면 사각으로 펴져 있던 비누 막은 아래의 오른쪽 그림처럼 실이 안쪽으로 활처럼 당겨지면서 좁아든 비누 막을 만든다.

연구

비누막이 좁아들면서 실을 안쪽으로 당기는 것은 비눗물의 표면장력이 작용하기 때문이다.

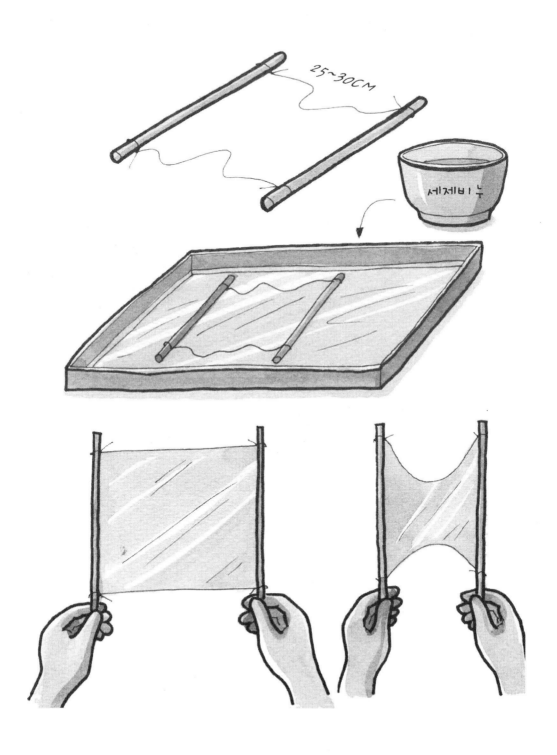

25~30CM

세제비누

비누방울에는 왜 무지개가 아롱거리나?

실험7

┌─ **준비물** ─────────────────────┐
- 크고 오래 가는 비누방울 제조액(실험1-2 참조)
- 큰 비누방울을 불 수 있는 스트로
- 비누방울 스탠드 (철사나 유리병)
└──────────────────────────────┘

실험 목적

비누방울을 만들어보면, 그 표면에서 끊임없이 변하는 무지개 색을 볼 수 있다. 그 원인을 알아보자.

실험 방법

1. 비누방울이 오래 가는 비눗물을 만든다.
2. 실험 1~4처럼 철사로 비누방울 스탠드를 만든다.
3. 비눗방울을 작게 불어 철사 고리(또는 유리병 입) 위에 조용히 얹은 다음, 입바람을 계속 불어넣으면 큰 비누방울이 만들어진다.
4. 비누방울 표면에 아롱지는 색의 변화를 관찰해보자. 사진으로도 찍어보자.

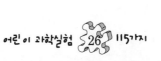

실험 결과

둥그런 비누방울의 표면은 쉴 사이 없이 색이 변하면서 아롱거린다. 햇빛 아래에서는 그 변색이 영롱하다.

연구

비누방울에 비친 빛은 비누 막을 투과하거나, 막에서 반사되거나, 방울 내부의 반대쪽 막 표면에서 반사되거나 하여 우리 눈에 들어온 광선이다. 비누 막은 아주 얇으면서 그 두께가 전체적으로 고르지 않다. 그러므로 빛을 다르게 굴절하고 반사하기 때문에 아롱거리는 무지개 빛을 보이게 된다.

* 물 위에 뜬 석유가 아롱거리는 것도, 수면 위의 석유 막 두께가 같지 못하여 일어나는 현상이다.

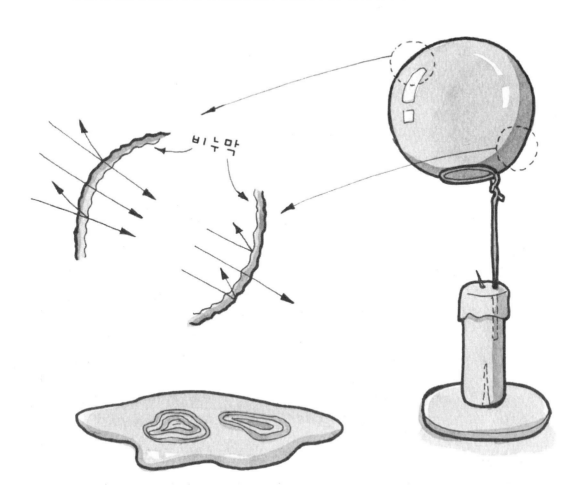

비누막

실험8 스트로 분무기로 물안개를 뿜어 날려보자

준비물
- 물 컵과 물
- 스트로 1개와 가위

실험 목적

꽃에 물기를 뿜어주는 분무기(스프레이)는 레버를 손가락으로 당겨 물을 안개처럼 뿜도록 만들었다. 스트로를 이용하여 입으로 부는 분무기를 만들어보자.

실험 방법

1. 유리컵에 반 정도 물을 담아 탁상에 놓는다.
2. 음료수를 마시는 가느다란 스트로 중간을 가위로 자른다.
3. 반쪽 스트로를 손에 쥐고 컵의 물 속에 세운다.
4. 나머지 스트로는 입에 물고, 그림처럼 입구를 서로 'ㄱ'자가 되게 마주한 상태로 입 바람을 분다.
5. 컵의 물이 스트로를 따라 올라와 안개처럼 뿜어져 나오는가?

실험 결과

'ㄱ'자로 마주하는 스트로의 위치가 적당하면 컵의 물은 스트로 속을 따라 올라와 안개처럼 작은 물방울이 되어 앞으로 뿜어져 나간다.

연구

공기가 빠르게 흐르는 곳은 기압이 낮아진다. 스트로를 통해 입 바람을 불면, 입바람 주변의 기압이 낮아지므로 컵 속의 스트로 내부의 기압도 내려간다. 그러므로 컵에 잠긴 스트로 안의 물은 위로 올라오고, 입구까지 올라온 물은 입 바람에 날려 안개처럼 앞으로 날려간다.

분무기란 말은 '안개를 분사하는 기구'라는 의미이다. 물이나 살충제를 뿌리는 분무기의 내부 구조도 이 실험의 스트로와 같다. 농부들이 등에 지고 농약을 뿌리는 분무기도 같은 원리로 만든 것이다. 스프레이의 구조를 자세히 살펴보자.

같은 기압

낮은 기압

제1장

실험9 고무풍선 좌우에 두 개의 유리컵을 붙여보자

┌─ 준비물 ─────────────────────────┐
- 고무풍선 1개   - 유리컵 2개
- 더운 물과 냉수가 나오는 수도꼭지
└──────────────────────────────────┘

실험 목적
온도가 높으면 공기의 부피가 팽창하고, 온도가 내려가면 부피가 줄어드는 성질을 이용하여 기압의 힘이 얼마나 큰지 시험해보자.

실험 방법
1. 고무풍선을 불어 직경이 15센티미터 정도 되게 부풀린 다음, 탁자에 놓는다.
2. 더운 물이 나오는 수도꼭지를 틀어 2개의 유리컵에 따뜻한 물을 가득 받는다.
3. 찬물 수도꼭지를 틀어놓는다.
3. 두 컵의 더운 물을 쏟아버린 즉시 컵의 입구를 풍선 좌우에 붙여 꽉 누른다.
4. 좌우 손으로 두 컵을 잡고 풍선을 누른 상태로 찬물 수도꼭지 아래에서 3~4분간 좌우 컵이 식도록 한다.
5. 풍선을 탁자 위에 가만히 놓고, 한 손씩 컵에서 손을 떼어 풍선을 잡아보자. 두 유리컵은 풍선에 붙어 있는가?
6. 한 손으로 컵 하나를 조용히 들어보자. 반대쪽 컵도 풍선에 매달린 채 들리는가?

실험 결과
유리컵은 풍선 양쪽에 붙어 떨어지지 않는다. 컵을 공중으로 들어도 풍선에 빨려든 컵은 매달려 있다.

연구
유리컵에 더운 물을 담았다가 쏟아내고 나면, 컵 안의 온도가 높으므로 그 속의 공기는 부피가 팽창해 있다. 이런 상태의 컵을 풍선에 밀착시켜 냉수로 식혀주면, 컵 안의 공기는 수축하여 기압이 낮아지므로 외부의 공기를 빨아들이려 한다. 기압의 힘은 아주 강하여 이 정도만 해도 유리컵을 충분히 들어올릴 정도이다.

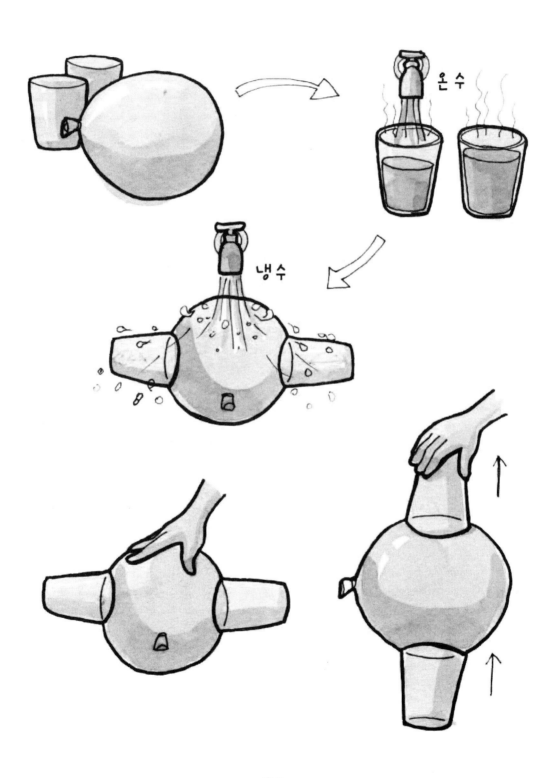

온수

냉수

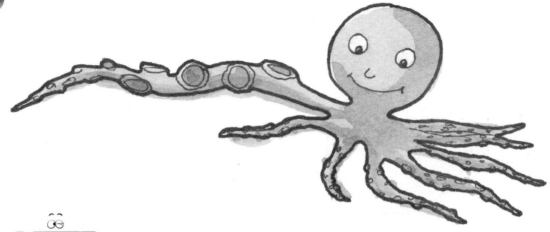

실험10 우유병으로 강력한 흡착기를 만들어보자

┌ **준비물** ─────
- 우유병
- 휴지 조각과 성냥 (또는 라이터)
└──────────

실험 목적

한방 치료 방법 중에는 '부항'이라고 하여 피부의 종기를 빨아내거나 피를 빼는 치료법이 쓰이고 있다. 부항단지는 내부의 공기를 희박하게 하여 고름과 피를 빨아내도록 한 것이다. 어떤 방법으로 부항단지 안의 공기를 희박하게 할까?

실험 방법

1. 유리로 된 우유병이나 커피병의 뚜껑을 열고 탁자에 놓는다.
2. 화장지 조각을 조금 찢어 성냥불을 붙인다.
3. 불타는 종이를 유리병 안에 넣고 꺼지도록 기다린다.
4. 불이 꺼진 즉시 손바닥으로 병 입구를 꽉 막아보자.
5. 손바닥은 어떤 느낌을 받는가?

실험 결과

병은 손바닥을 빨아들이면서 붙어버린다. 손을 위로 들면 손바닥에 붙은 병이 그대로 달려올 정도이다.

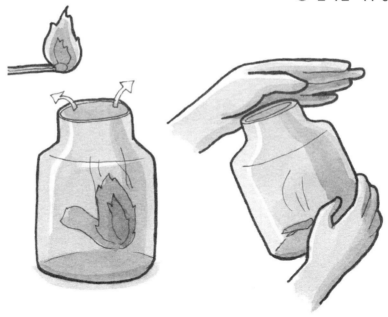

병 안에서 종이가 타면, 뜨거운 열 때문에 내부의 공기가 팽창하여 많은 공기가 밖으로 나가게 된다. 이때 병의 입구를 꽉 막으면, 식으면서 내부의 기압이 낮아져 외부로부터 공기를 빨아들이려 한다. 문어나 오징어의 다리에 붙은 접시 모양의 빨판은 주변 근육을 움직여 내부의 기압을 낮게 하는 방법으로 다른 물체에 붙거나 먹이를 잡거나 한다.

* 뜨거운 물을 병에 담았다가 쏟아버리고 즉시 젖은 손바닥으로 입구를 막으면 빨판 효과를 느낄 수 있다 (아래 그림 참조).

실험11 계란이 병 안으로 빨려 들어가는 트릭

준비물
- 삶은 계란
- 계란의 직경보다 입구가 약간 작은 유리병 (우유병이나 주스병)
- 뜨거운 물 조금

실험 목적

병 입보다 더 큰 계란이 저절로 병 속으로 쑥 빠져들어 가게 하는 트릭을 친구에게 보여 보자. 또한 병 안에 빨려 들어간 계란을 상처 없이 꺼내어보자.

실험 방법

1. 충분히 삶은 계란의 껍데기를 상처 나지 않게 잘 벗긴다.
2. 우유병 입에 계란을 세우고, 친구에게 계란에 손대지 않고 병 안으로 빨려 들어가게 해보라고 한다.
3. 친구가 하지 못한다면, 우유병에 뜨거운 물을 3분의 1 정도 붓고, 잠시 동안 크게 흔들다가 물을 쏟아낸 즉시 계란을 병 입에 세운다.
4. 계란은 병 속으로 빨려 들어가는가?

실험 결과

껍데기가 없어 말랑말랑한 삶은 계란은 병 입구보다 크지만, 병 안으로 쑥 빨려들어 간다.

연구

계란이 병 안으로 들어갈 수 있는 것은 뜨거운 물 때문에 병 내부의 온도가 높아진 탓으로 병 안의 기압이 낮아진 때문이다.

병 안에 든 계란을 상처 없이 꺼낼 때는, 병을 거꾸로 세운 상태로 헤어드라이어를 사용하여 병을 따뜻하게 데워준다. 병 안의 온도가 오르면 공기가 팽창하여 계란을 밀어내게 된다.

병을 냉장고 안에 잠시 두었다가 거꾸로 세워도 빠져나온다. 냉장고 안에 있는 동안 병 안의 공기가 식어 부피가 줄어들기 때문에 일어나는 현상이다.

더운물

제1장

실험12 마르지 않는 병아리 샘물통의 원리

준비물
- 우유병이나 주스병 1개
- 유리컵 1개

실험 목적

병아리를 대량 사육하는 곳에서는 특별한 병아리 물통을 사용하고 있다. 이 물통의 물은 병아리들이 마신 만큼의 물만 끊임없이 나온다. 마르지 않는 병아리 샘물통의 원리를 실험으로 알아보자.

실험 방법

1. 우유병에 물을 가득 담고, 그 입구 위에 유리컵을 뒤집어씌운다.
2. 우유병과 컵을 잡고 얼른 뒤집어 놓아보자. 우유병의 물이 컵으로 쏟아져 내리는가?
3. 우유병을 조금씩 위로 들어보자.
 어떤 경우에 우유병 안의 물이 컵으로 조금이라도 나오는가?

실험 결과

우유병을 뒤집어 놓으면, 병 안의 물이 몇 방울 나오고 더 이상 쏟아지지 않는다. 그러나 컵 바닥으로부터 우유병의 입구를 조금 들어올리면, 바닥으로부터 병 안으로 공기가 조금씩 들어가면서 물이 나오게 된다. 이처럼 물이 나오려면, 우유병의 입 높이가 컵의 수면보다 높아야 한다.

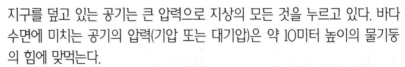

연구

지구를 덮고 있는 공기는 큰 압력으로 지상의 모든 것을 누르고 있다. 바다 수면에 미치는 공기의 압력(기압 또는 대기압)은 약 10미터 높이의 물기둥의 힘에 맞먹는다.
 이 실험에서 물이 든 우유병을 컵 위에 엎어놓으면, 병의 바깥쪽은 약 1기압의 힘이 누르지만, 병 안은 물이 밖으로 나간 양만큼 바깥보다 기압이 조금 낮아져 있다. 그러므로 병 안의 물은 외부에서 작용하는 기압 때문에 나갈 수가 없다. 병아리 샘물통은 이러한 원리로 만들어져 있다. 병아리들이 물을 마셔대면 수면이 병 입구보다 낮아지고, 그때 병 입구를 통해 안으로 공기가 약간 들어가면, 그때마다 물이 조금 나오게 된다. 그러므로 병아리 샘물통에서는 병아리가 마신 양 만큼 물이 나오게 된다.

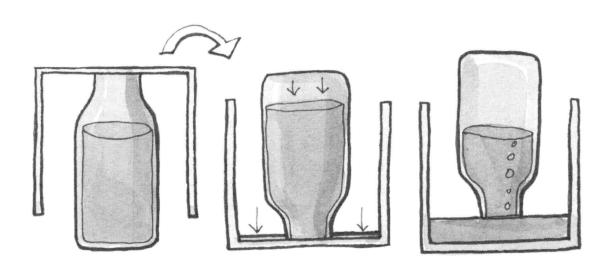

받침

실험13 열풍으로 빙빙 도는 열 모터 만들기

준비물
- 사방 8센티미터 정도의 종이
- 연필과 가위
- 작은 병, 양초, 라이터, 휴지

실험 목적
더운 공기는 찬 공기보다 가볍기 때문에 위로 올라간다.
이러한 상승기류는 얼마나 큰 힘을 가졌을까 알아보자.

실험 방법
1. 사각형 종이에 그림과 같은 나선을 그리고, 그 선을 따라 가위로 오린다.
2. 책상 가장자리에 작은 병을 세우고, 길고 끝이 뾰족한 연필을 꽂는다. 이때 병 입구에 휴지를 끼워 연필을 높이 세울 수 있도록 한다.
3. 나선으로 자른 종이의 중심을 그림과 같이 연필 끝에 걸어 공중으로 드리워지게 한다.
4. 나선형 종이 아래에 촛불을 가까이 하여 뜨거운 공기가 위로 오르도록 해보자. 이때 만일 불꽃을 종이에 너무 가까이 하면 종이가 타버리게 된다.
5. 나선형 종이는 어느 방향으로 어떤 동작을 하는가?

실험 결과
나선형 종이 아래에 촛불을 가져가면, 나선형 종이는 꼭지를 중심으로 하여 화살표 방향으로 빙빙 빠르게 돌아간다.

연구
더운 공기가 위로 올라가는 상승기류의 힘을 알아보는 매우 오래된 실험방법이다. 이처럼 더운 기류의 힘으로 돌아가는 것을 '열 모터' 라고 부르기도 한다.

실험14 링거병 안의 수액이 잘 나오려면 공기구멍이 있어야 한다

┌─ 준비물 ─────────────────────────┐
- 금속 뚜껑이 있는 병과 물
- 못과 망치
└──────────────────────────────┘

실험 목적

입구가 좁은 생수병에 담긴 물을 거꾸로 뒤집어 쏟으면 잘 나오지 않는다. 대형 플라스틱 물통에는 물이 나오는 구멍 외에 다른 작은 구멍 하나가 반드시 있다. 그 이유는 무엇인가?

실험 방법

1. 넓은 뚜껑이 있는 병에 물을 가득 담고 뚜껑을 꽉 닫는다.
2. 뚜껑 한쪽에 못으로 구멍을 하나 뚫고 그 구멍으로 물을 쏟아보자. 잘 나오는가?
3. 뚜껑 좌우에 구멍을 하나 더 뚫고, 그림2처럼 병을 뒤집어보자. 물이 빠지는가?
4. 그림3처럼 위 구멍으로 공기가 들어갈 수 있도록 기울여 물을 쏟아보자. 잘 나오는가?

실험 결과

병뚜껑에 하나의 작은 구멍만 있으면 물이 잘 나오지 않는다. 두 개의 구멍이 있더라도 구멍이 물로 다 막히면 물은 빠지기 어렵다. 그러나 공기구멍으로 공기가 들어갈 수 있도록 비스듬히 기울여 쏟으면 물은 졸졸 잘 빠져나온다.

연구

구멍이 하나인 병으로부터 물이 한 방울이라도 빠지면, 그 공간만큼 내부의 기압이 낮아져 물은 빠져 나가기 어려워진다. 그러나 공기구멍이 따로 있어 물이 빠진 만큼 공기가 채워질 수 있으면 물은 쉽게 흘러나갈 수 있다. 그래서 석유통이라든가 물통은 반드시 공기구멍을 따로 만들어, 내부의 액체가 잘 빠져나가도록 만든다.

환자에게 주사하는 링거 병에도 공기구멍이 없으면 주사액이 흘러나가지 못한다. 링거 병에 준비된 공기구멍은 어떤 구조로 되어 있는지 확인해보자.

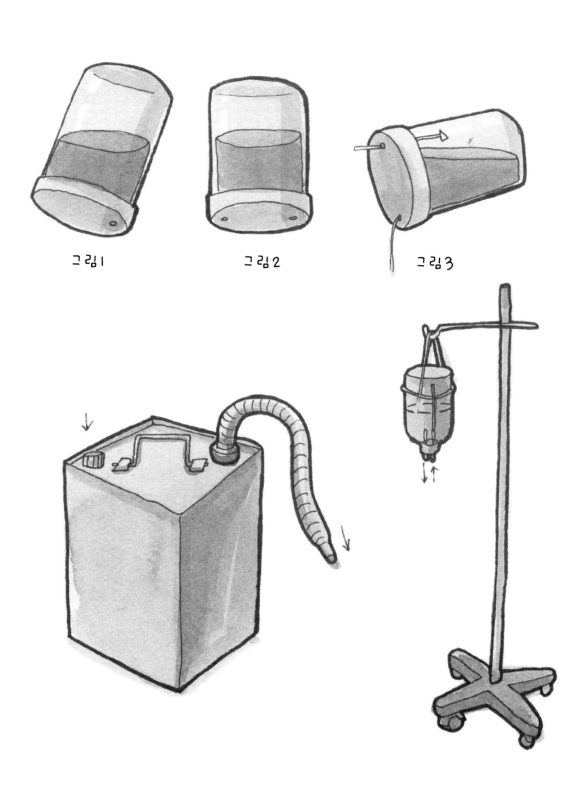

그림1

그림2

그림3

제2장
빛과 시각,
소리와 청각

실험15 # 손가락이 소시지처럼 보이는 눈의 착각

┌─ 준비물 ─────────────────────┐
- 양 손의 손가락
└──────────────────────────────┘

실험 목적

우리의 눈은 사물을 예민하게 보기도 하지만, 때로는 여러 가지 착각을 일으킨다. 눈앞의 손가락이 소시지처럼 보이는 예를 실험해보자.

실험 방법

1. 두 팔을 앞으로 쫙 펴고 검지를 그림처럼 서로 맞닿게 한 뒤, 접촉한 손가락 바로 뒤의 먼 곳을 바라보자. 맞붙은 손가락이 어떤 모양으로 보이는가?
2. 맞붙은 상태에서 손가락 끝이 서로 2센티미터 쯤 떨어지게 해보자. 손가락은 어떤 모양이 되는가?
3. 좀더 멀리 떨어지게 하면 어떻게 보이나?

실험 결과

두 손가락 끝이 맞붙은 상태에서 그 뒤쪽 먼 지점을 쳐다보면, 손가락은 마치 작은 소시지토막처럼 보인다. 이 상태에서 손가락 간격을 조금 더 벌리면, 소시지 길이는 줄어들어 구슬 같은 모양으로 보인다. 보다 멀리 떨어지면 그때서야 두 손가락은 완전히 분리되어 보인다.

연구

인간의 눈은 많은 착시 현상을 보인다. 이처럼 잘못 보이는 것도 눈의 착시 현상 가운데 하나이다.

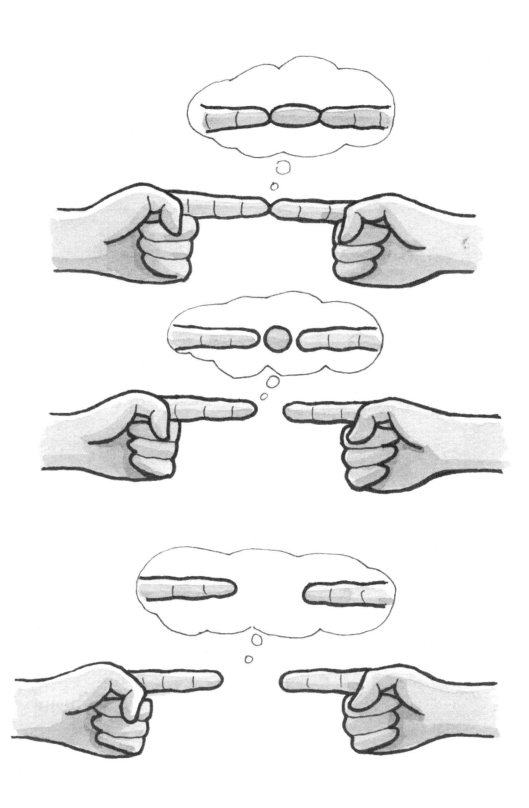

실험16 새장 속으로 들어가는 비둘기의 트릭

┌─ 준비물 ─────────────┐
- 그림을 그릴 종이 카드 1장
- 볼펜과 크레용
- 꼰 실 1미터 정도
└──────────────────────┘

실험 목적

영화의 필름과 텔레비전의 영상은 하나하나 끊어진 상이지만 연속하여 움직이는 것처럼 보인다. 새장 밖에 있던 비둘기가 한순간에 새장 안으로 들어가 있는 것처럼 보이게 하는 방법으로 영화의 원리를 생각해보자.

실험 방법

1. 종이 카드의 한쪽 면에 새를 그린다.
2. 반대쪽 면에는 새가 충분히 들어갈 크기로 새장을 그린다.
3. 카드의 상하에 그림과 같이 꼰 실을 맨다.
4. 실이 꼬인 방향으로 한쪽 실을 30회 이상 꼰 다음, 두 실의 끝을 잡고 당긴다.
5. 꼬인 실이 풀리면서 카드가 빙빙 돌면 비둘기의 모양이 어떻게 변하는가?

실험 결과

꼰 실이 빠르게 회전하면, 카드 앞쪽에 혼자 있던 새는 뒤쪽의 새장 안으로 들어가 있는 모습으로 보인다.

연구

우리의 눈은 앞에 있던 물체가 없어지더라도 잠시 동안은 그 자리에 있는 듯이 느낀다. 이것을 잠상이라 부른다. 활동사진(영화)이 이런 잠상의 원리를 이용하여 만든 것임을 여러분은 잘 알고 있을 것이다.

이 실험에서는, 카드 앞쪽에 그린 새의 잠상을 보는 동안에 카드 뒷면의 새장이 겹쳐지고, 이어서 다시 새가 보이게 되므로, 마치 새가 새장 안에 있는 것처럼 보이게 된다.

* 새 대신 다람쥐를 그려보기도 하자.

어린이 과학실험 46 115가지

실험17 물방울이 만드는 그림자는 왜 검은가?

> **준비물**
> - 유리 조각과 물방울
> - 햇볕이나 밝은 전등
> - 흰 종이 한 장

실험 목적

물은 투명체이므로 물방울은 그림자를 만들지 않을 것으로 생각된다. 그러나 물방울도 그림자를 만든다. 물방울의 그림자를 실험으로 확인해보자.

실험 방법

1. 유리 조각의 앞뒷면을 깨끗하게 닦는다.
2. 유리 표면에 물방울을 한 방울씩 여기 저기 떨어뜨린다.
3. 이것을 밝은 불빛이나 햇볕 아래로 가져가, 흰 종이 위에서 물방울이 만든 그림자의 모양을 관찰해보자.
4, 유리 조각을 아래위로 위치를 옮겨가며 그림자의 모양이 어떻게 변하는지 관찰해보자.

실험 결과

투명한 물방울도 검은 그림자를 만든다. 그러나 그림자의 중앙 부분은 아주 밝다. 물방울의 그림자는 종이와의 거리에 따라 명암의 정도가 달라진다. 그러나 가, 나, 다 어느 경우이든 초점 부위가 늘 밝다.

연구

볼록렌즈를 통과한 빛은 모두 중앙부분(초점)으로 모여 아주 밝게 보인다. 햇빛 속의 열도 초점에 모이므로 초점 위치에 놓인 종이를 태울 수도 있다.

유리면에 놓인 물방울은 표면장력 때문에 둥그런 모양을 하고 있다. 그러므로 물방울은 볼록렌즈 역할을 한다. 그 결과 물방울을 통과한 빛은 굴절되어 중간 부분을 밝게 하고 주변 부분은 빛이 줄어들어 그림자를 만들게 된다. 그림자를 만드는 원리를 나타낸 그림을 이해해보자.

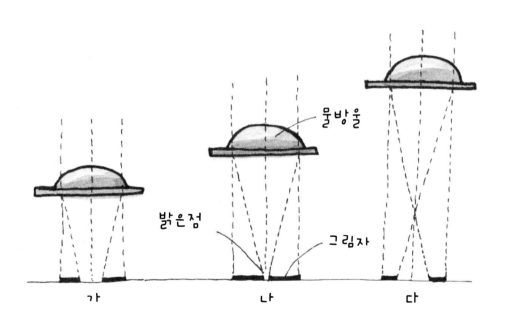

물방울

밝은점

그림자

가   나   다

실험18 자동차 문에 비친 그림자는 왜 뚱뚱하나?

┌─ 준비물 ─────────────┐
│ – 반질반질 잘 닦은 승용차 │
└──────────────────────┘

실험 목적

거리를 지나면서 상점의 진열장 문에 비친 자신의 모습을 보면 반듯한데, 승용차 몸체에 비친 모습은 아주 달라져 있다. 반사된 자신의 모습이 다른 이유를 알아보자.

실험 방법

1. 승용차 몸체나 문짝에 비친 자신의 몸 그림자를 살펴보자. 어떤 모양인가?
2. 거리의 유리문이나 진열장 유리에 비친 자신의 모습도 자동차에 비친 모양과 같은가?

실험 결과

자동차 문에 비친 그림자는 아주 땅땅하게 반사되어 자기가 아닌 다른 사람처럼 보인다. 그러나 상점 문에 비친 모양은 반듯하게 보인다.

연구

상점의 유리문은 평면이지만, 자동차 문짝과 측면은 튀어나와 있어 볼록거울처럼 빛을 반사하게 된다. 그러므로 문짝에 비친 모습은 상하의 길이가 줄어든 영상이 된다. 만일 그 반사면이 반대로 안쪽으로 휜 거울이라면, 자신의 모습은 키가 엄청 큰 장다리로 보일 것이다.
아래 그림 설명에서처럼, 볼록거울(승용차 문) 앞에서는 반사광의 반대편에 키가 작은 모습으로 영상이 생겨난다.

반사

차의 문
(볼록거울)

영상

실험19 거울에는 왜 좌우가 바뀌어 보이나?

┌─ 준비물 ─┐
- 거울 2개
- 연필, 자기의 얼굴
└──────────┘

실험 목적

거울을 드려다 보면 좌우가 바뀌어 보인다. 좌우가 바로 보이는 거울을 준비할 수 없을까?

실험 방법

1. 거울에 다른 거울 하나를 90도 각도로 붙여 자신의 모습을 보자. 몇 개의 얼굴이 비치는가?
2. 두 거울의 각도를 90도보다 좁게 하면 몇 개의 얼굴이 보이나?
3. 90도보다 좁은 각도에서 오른쪽 눈을 감아보자. 거울의 상 중에 오른쪽 눈을 감은 것이 있는가? 있다면 어느 위치의 상인가?

실험 결과

1. 90도로 서로 붙인 거울을 보면 3개의 얼굴이 보인다. 그중 하나는 두 거울이 연결되는 부분에 나뉘어 보인다.
2. 거울의 각도를 90도보다 좁게 해서 보면 4개의 얼굴이 나타난다. 그중 2개는 직접 반사된 상이고, 두 개는 마주본 거울에 서로(화살표 참고) 반사된 상이다.
3. 거울에 비친 윙크한 눈 중에, 안쪽 상 2개는 오른쪽 눈을, 바깥쪽 두 개는 왼쪽 눈을 감고 있다.

연구

마주 보는 거울의 각도가 90보다 좁으면, 두 거울은 마주 보는 상만 반사할 뿐 아니라, 반대쪽 거울에 반사된 상도 되비친다. 그러므로 오른쪽 눈을 감았을 때, 앞 거울에서는 왼눈을 감은 상이 반대쪽 거울에는 오른쪽 눈을 감은 것으로 반사되어 비친다.
두 거울의 각도가 90도보다 커지면 각각 정면으로 비친 좌우 반대 상만 보게 된다.

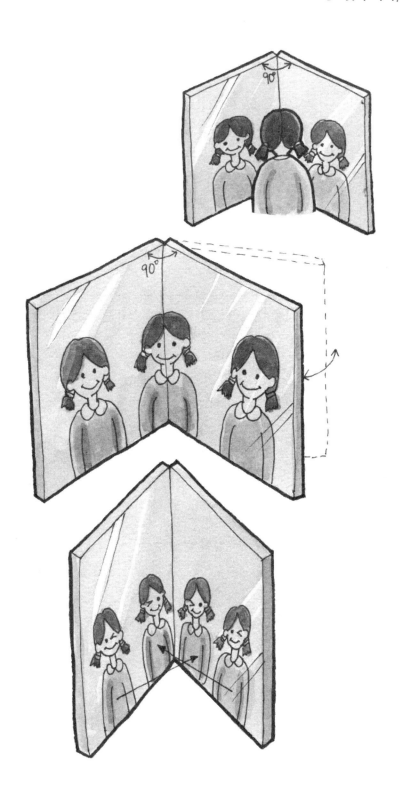

실험20 창문 유리에는 왜 물체가 이중으로 반사되어 보이나?

┌─ 준비물 ─────────────┐
- 유리판   - 손전등
- 검은 종이
└────────────────────┘

실험 목적

유리창이나 상점 유리문 등을 드려다 볼 경우, 불빛이나 자기의 모습이
이중으로 겹쳐 보이는 경우가 있다. 그 이유를 실험으로 알아보자.

실험 방법

1. 검은 종이를 바닥에 깔고 그 위에 유리판을 놓는다.
2. 손전등을 켜고, 유리판 위를 비스듬히 비추면서 전구의 필라멘트를
   관찰해보자. 이중으로보이지 않는가?
3. 손전등 주변의 테도 이중으로 보이는가?

반사빛

실험 결과

손전등 전구의 필라멘트는 하나이지만, 유리판에 비친 전구에서는 2개의 필라멘트가 비치는 것으로 보인다. 마찬가지로 전구 주변의 테도 이중으로 반사되고 있다.

연 구

상이 이중으로 보이는 이유는 유리판의 표면과 뒷면에서 각각 반사가 일어나기 때문이다. 아래 그림에 그 이유를 설명한다.

이 실험에서 유리판 아래에 검은 종이를 깐 것은 거울처럼 빛을 잘 반사하도록 하기 위한 것이다.

* 일반적인 유리거울은 유리 뒷면에다 반사물질을 바른 이면반사거울이다. 그러나 이중반사가 일어나서는 안 되는 아주 정밀한 천체망원경의 거울이나, 광학실험실이나 카메라 등에 쓰는 반사거울은 표면에 반사물질을 입힌 표면반사거울을 사용한다.

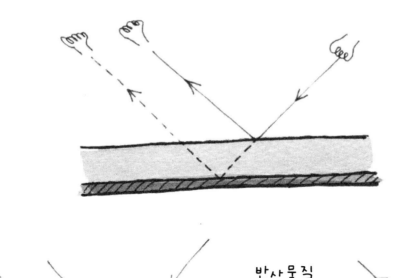

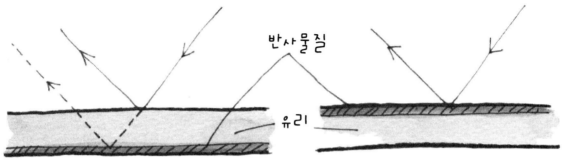

이면반사 거울   표면반사 거울

실험21 우윳빛 유리가 투명해지게 하는 방법

┌─ 준비물 ─┐
준비물
- 우윳빛 유리창 (반투명 유리창)
- 냇물에서 건진 깨끗한 자갈
- 매니큐어, 식용유, 물

실험 목적

우윳빛 유리는 반투명하여 바깥이 잘 보이지 않는다. 이 유리는 표면을 연마재로 갈아 뿌옇게 만든 것이다. 반투명 유리가 잠시 투명해지게 하는 방법을 실험해보자.

실험 방법

1. 냇가의 마른 돌멩이의 표면을 보면 거칠다. 이것을 물에 적셔보자. 어떻게 변하는가?
2. 표면이 거친 돌 표면에 매니큐어나 식용유를 발라보자. 어떻게 변하는가?
3. 우윳빛 유리의 거친 면에 물을 조금 발라보자. 잠시 동안 투병해지지 않는가?

실험 결과

마른 돌멩이의 표면에 물이나 매니큐어, 식용유 등을 바르면 매끈하고 깨끗하게 보이면서, 돌의 색도 짙어진다. 또한 반투명 유리의 거친 면에 물을 바르면 표면이 매끈해지면서 물기가 마르는 동안 훨씬 투명해진다.

연 구

거친 돌 표면에 물이나 다른 액체를 바르면, 표면이 매끈해져 수많은 작은 거울을 붙인 것처럼 번쩍이게 된다. 표면이 마른 돌은 빛을 사방으로 난반사하지만, 물이나 기름을 바르면 난반사가 줄어들어 짙은 색으로 보이게 된다.

　우윳빛 유리도 물에 젖으면, 물의 표면장력에 의해 표면이 매끈해지므로 난반사가 줄어들고 훨씬 투명한 상태로 된다.

* 집 유리창의 우윳빛 유리는 연마한 거친 면을 방안, 바깥 어느 쪽으로 해야 옳은가?

물

실험22 그림자 가장자리에는 왜 반그림자 밴드가 생기나?

┌─ 준비물 ─────────────┐
- 흰 종이와 마분지 한 장
- 갓이 있는 전기스탠드
└──────────────────────┘

실험 목적

햇볕이 강한 날, 땅에 비쳐진 자기 그림자 주변에 2중 3중으로 그림자 선(밴드)이 보이는 이유를 알아보자.

실험 방법

* 이 실험은 전등을 끄고 어두운 환경에서 한다.
1. 갓이 있는 전기스탠드 아래에 흰 종이를 깐다.
2. 흰 종이 위에 마분지를 그림처럼 펴서, 종이 위에 생기는 그림자 선을 관찰한다.
3. 그림자 가장자리를 따라 밝고 어두운 밴드가 하나 또는 두셋 보이는가?

실험 결과

그림자가 만들어지는 경계에 밝고 어두운 밴드가 2,3개 보인다. 어떤 경우에는 1개만 보이기도 하고 때로는 선이 사라지기도 한다.

연구

이 실험에서 보이는 그림자 주변의 선은 실제로는 생기지 않는다. 이것 역시 우리 눈이 착각(착시)하는 현상의 하나이다. 왜 이런 착시가 일어나는지 그 이유는 확실하지 않다. 다만 빛의 회절에 의해 그림자 가장자리에 생기는 반그림자가 그런 착시를 일으키는 것과 연관이 있다고 생각된다.

그림자 가장자리에 보이는 선을 마흐 밴드(Mach band)라고 하는데, 약 100년 전에 오스트리아의 물리학자이며 심리학자인 에른스트 마흐가 처음으로 발표하여, 이런 이름을 가지게 되었다.

* 햇볕이 강한 날, 아스팔트 위의 자기 그림자를 보면, 정지해 있을 때보다 걸어갈 때 마흐 밴드가 더 잘 보이기도 한다.

마흐밴드

마흐밴드

실험23 떨어지는 물방울은 왜 보석처럼 반짝이나?

┌─ 준비물 ─────────────┐
- 스트로
- 물 컵과 물걸레
- 전기스탠드
└──────────────────────┘

실험 목적

아침 해가 비칠 때 나뭇잎이나 거미줄에 매달린 물방울을 바라보면 보석처럼 반짝인다. 실험을 통해 사실과 이유를 확인해보자.

실험 방법

1. 물을 3분의 2 정도 담은 컵에 스트로를 꽂아 전기스탠드 앞에 놓는다.
2. 실내등은 끄고, 전기스탠드의 불을 켠다.
3. 스트로에 담긴 물을 그림처럼 한 방울씩 떨어뜨리며 전기스탠드의 불빛에 물방울이 어떤 모습으로 보이는지 관찰해보자. (*바닥에 물이 떨어지는 것을 대비하여 걸레를 깔아둔다.)
4. 전등을 향하여 볼 때와 등지고 볼 때, 물방울에서 비치는 빛은 어떻게 다른가?

실험 결과

밝은 전등을 향하여 물방울을 볼 때 다이아몬드처럼 반짝이며 떨어지는 광경을 볼 수 있다. 그러나 빛을 등지고 물방울을 보면 반짝이는 정도가 훨씬 약하다.

연구

물방울은 일부의 빛은 통과시키고 일부는 표면에서 반사하기 때문에 빛나는 것처럼 보인다. 물방울 표면 전체가 수많은 작은 거울 역할을 하는 것이다.

한편 물방울 속으로 투과해 들어간 빛은 볼록렌즈와 같은 역할 때문에 한 곳에 모여 아주 밝은 빛이 된다. 이것을 우리 눈은 보석처럼 반짝이는 빛으로 느끼게 된다. 보석처럼 보이는 물방울 모습은 광원(태양이나 전등)을 향하여 볼 때(가) 더 잘 보이고, 광원을 등지면 반사광(나)만 주로 보게 된다.

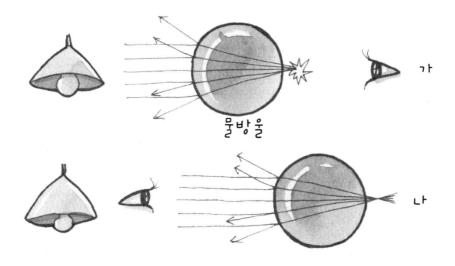

물방울

가

나

 **실험24 어느 전등이 얼마나 더 밝은지 검사해보자**

┌─ 준비물 ─
- 30와트와 60와트 두 개의 전구와 두 개의 스탠드
- 백지 1장과 줄자   - 식용유 몇 방울

 실험 목적

두 개의 전구에서 나오는 빛의 밝기가 어느 것이 얼마나 더 밝은지 간단한 방법으로 측정해보자.

 실험 방법

1. 평평한 책상 좌우에 전기스탠드를 각각 세우고, 왼쪽에 30와트 오른쪽에 60와트 전구를 각각 끼워 불을 켤 수 있도록 준비한다.
2. 백지 위에 식용유 몇 방울을 떨어뜨려, 동그랗게 젖도록 한다. 흘러내리는 나머지 기름방울은 휴지로 닦아낸다. 기름이 젖은 부분은 전등불빛에 반투명해진다.
3. 두 전구 사이에 줄자를 설치한다.
4. 기름 젖은 종이를 오른쪽 전구 가까이에서 왼쪽 전구 쪽으로 조금씩 이동하면서, 좌우 눈으로 종이의 젖은 부분을 관찰한다.
5. 어느 거리쯤 떨어지면, 기름 젖은 부분이 좌우 눈으로 보았을 때 보이지 않게 된다. 이 지점은 양쪽 전구가 같은 광도로 비치는 지점이다.
6. A와 B로부터 이 지점끼지의 거리를 재어, 60와트가 30와트보다 얼마나 더 밝은지 계산해보자.

 실험 결과

예를 들어 그 지점까지의 거리가 80센티미터, 50센티미터였다고 하자.

 **연구**

이 경우, 각 거리의 제곱 값을 내고, 큰 값을 작은 값으로 나누면 몇 배 밝은지 답이 나온다.
$80 \times 80 = 6400$, $50 \times 50 = 2500$
$6400 \div 2500 = 2.56$
즉 80센티미터 떨어진 60와트의 전구가 2.56배 밝다고 할 수 있다.

〈그림1〉

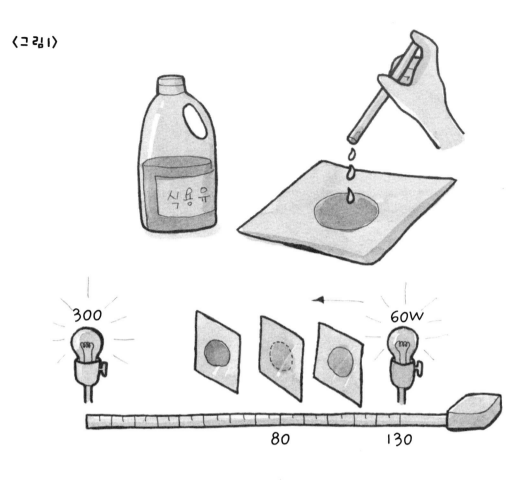

〈그림2〉

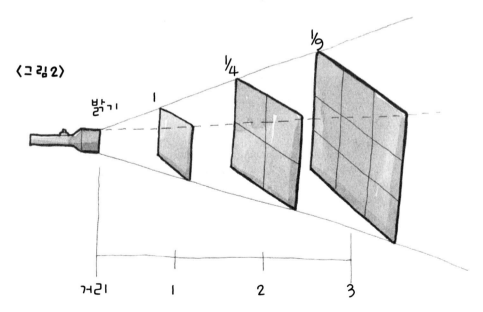

실험25 스트로로 만든 보리피리 불어보기

┌─ 준비물 ─────────────────┐
- 음료수를 마시는 스트로 (직경이 굵은 것이
  편리함)
- 가위
└────────────────────────┘

실험 목적

옛 사람들은 밀이나 보릿대를 짧게 잘라 보리피리를 만들었다. 보릿대 대신 스트로를 이용하여 여러 음계의 소리를 내는 피리를 만들어보자.

실험 방법

1. 스트로의 한쪽 끝을 손가락으로 납작하게 누르고 그림과 같이 도끼날 모양이 되도록 가위로 자른다.
2. 자른 부분을 입에 물고 불어서 소리를 내보자.
3. 손가락으로 구멍을 막기 좋은 위치에 그림과 같이 3,4개의 작은 구멍을 가위로 뚫는다.
4. 각 구멍을 손가락으로 1개, 2개, 3개, 4개씩 다양하게 막은 상태로 소리를 들어보자. 어떤 경우에 가장 높은 음과 가장 낮은 음이 나오는가?

실험 결과

손가락으로 막는 구멍의 위치가 다를 때마다 다른 음계의 피리소리가 난다.

연구

스트로 피리는 전통 피리나 '오보에'라는 관악기를 닮았다. 스트로가 없던 시절에는 보릿대를 잘라 불었으며, 이른 봄에 물기가 막 오른 여린 버드나무 가지의 껍질을 벗겨내어 버들피리를 만들어 불었다.

* 스트로의 길이를 길게, 짧게 만들어 피리소리를 내보자. 피리가 길수록 낮은 음을 낼 것이다.

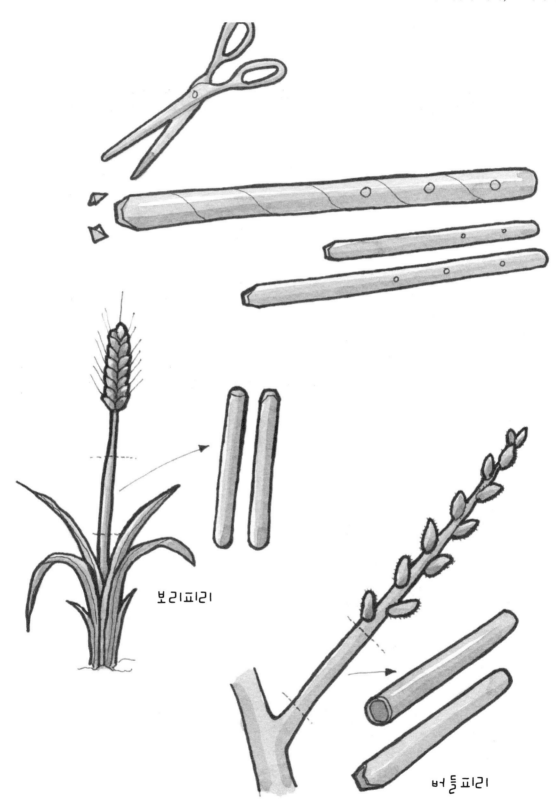

보리피리

버들피리

실험26 얇은 종이와 비닐로 고음을 만들어보자

┌─ 준비물 ─────────
- 백지 2장
- 얇은 비닐 (또는 셀로판지)
└──────────────

실험 목적

입 바람으로 아주 높은 소리를 간단히 만들어보자.

실험 방법

1. 종이 한 장을 두 손으로 당긴 상태로 입술 앞에 팽팽히 놓고 새게 불어보자.
2. 종이 두 장을 함께 입술 앞에서 강하게 불어보자.
3. 종이 대신 얇은 비닐이나 셀로판지를 불어보자.
4. 자기 주변에서 구할 수 있는 가장 얇은 비닐을 구해 가장자리를 팽팽히 당기며 불어보자.

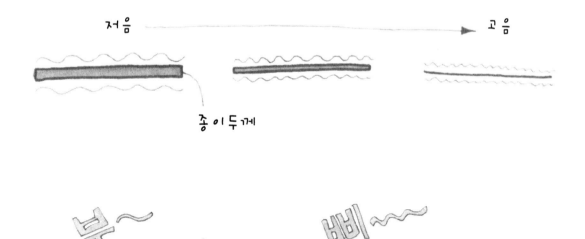

저음 ——————————→ 고음

종이두께

실험 결과

어느 경우라도 입술 앞의 종이나 비닐이 진동하며 높은 소리를 낸다. 입술을 좁게 하여 바람을 제트처럼 강하게 불수록, 그리고 비닐의 두께가 얇을수록 더 높은 소리가 난다.

연구

입 바람에 의해 물체가 진동하면 주변의 공기가 떨리기 때문에 음파가 생기는 것이다. 공기가 진동하면 작은 파가 만들어지고, 이 파는 모든 방향으로 전달된다. 그 음파가 귀의 고막을 두드리면, 그것은 귀속의 작은 뼈와 신경을 거쳐 소리로 느낀다.

비닐이나 셀로판은 얇아서, 바람에 더 빠르게 진동하기 때문에 보다 높은 소리가 나게 된다.

우리가 말을 하면 폐에서 나오는 공기가 성대를 진동하여 음파를 만들고, 그 음파는 입의 움직임에 따라 다른 소리가 되어 밖으로 나간다. 숨을 내쉬면서는 말을 할 수 있어도 숨을 들이키면서는 말을 하지 못한다.

* 휘파람은 좁게 오므린 입술 끝을 빠져나가는 공기가 진동하여 생기는 소리이다.

실험27 고무풍선으로 소리를 확대하여 들어보자

┌─ 준비물 ─────────────
- 여러 가지 모양의 고무풍선
└──────────────────────

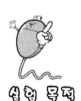

실험 목적

고무풍선을 손으로 만지면 빠드득거리고, 두드리면 매우 크게 북소리를 낸다. 귀에 대고 들으면 확성기가 되어 더욱 큰 소리로 들린다. 그 이유를 알아보자.

실험 방법

1. 입으로 풍선을 커다랗게 분 다음, 바람이 빠지지 않도록 끝을 잘 조인다 (미리 부풀린 풍선을 사용해도 좋음).
2. 풍선을 두 손으로 이리저리 만지작거리거나 두드리며 소리가 나게 해보자. 귀에 바짝 대고 풍선 표면을 긁어보자. 귀에서 멀리 두고 긁었을 때와 소리의 크기가 다른가?

풍선 표면을 손으로 문지르거나, 두드리거나 하면 의외로 큰 소리가 난다. 만일 풍선을 귀에 대고 그 소리를 들으면 보다 크게 들린다.

연 구

고무풍선의 얇은 막은 조금만 만져도 진동을 잘 하여 여러 종류의 소리를 낸다 (실험26 참고). 고무풍선을 입으로 불면, 우리의 폐는 공기를 밀어 넣는 압축기(컴프레서) 역할을 한다. 풍선 속의 공기 분자는 압축되어 있으므로 분자 사이의 거리가 훨씬 가깝다. 분자 끼리 가까우면 음파를 더 잘 전달하게 된다. 마치 공기 보다 물이, 물보다 쇠가 소리를 더 잘 전달하는 것처럼. 작은 소리를 크게 들리도록 만든 것을 스피커라 한다. 풍선 스피커가 된 것이다. 운동경기장에서는 응원도구로 커다란 막대 풍선을 흔히 쓰고 있다.

압축공기

폐

컴프레서

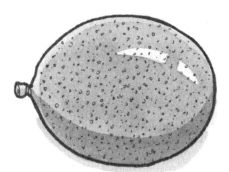

압축공기 분자

대기중의 공기 분자

실험28 부엌의 그릇으로 고운 소리를 만들어보자

┌─ 준비물 ─────────────────────
- 각종 크기의 사기접시와 그릇
- 각종 크기의 스테인리스 그릇, 양푼, 대야 등
- 작은 음료수병 1개, 젓가락
└──────────────────────────────

실험 목적
절이나 교회 등에서 쓰는 종소리는 음색이 맑고, 한 번 울리면 길게 여음(여운)이 남는다. 부엌의 여러 가지 그릇으로 아름다운 음색의 긴 여음을 내는 종을 만들어보자.

실험 방법
1. 그림과 같이 음료수 병을 세우고 그 위에 각종 접시와 그릇을 엎어놓고, 젓가락으로 두들겨 소리를 낸다.
2. 그릇의 머리, 중간, 가장자리를 젓가락으로 때렸을 때 각각 소리가 어떻게 다른가?
3. 그릇의 직경이 작은 것과 큰 것은 소리가 어떻게 다른가?
4. 사기그릇과 스테인리스 그릇의 소리 차이는 어떤가?
5. 어떤 재료의 그릇이 소리가 아름다운가? 여음(餘音)은 어떤 것이 길게 남는가?
6. 같은 그릇을 엎어두었을 때와 바로 엎어놓고 쳤을 때의 소리도 비교해보자.

실험 결과
음료수병 위에 엎어둔 그릇이나 접시를 두드리면 매우 고운 음색의 종소리가 긴 여음을 만들며 울린다. 음색은 재료와 그릇의 두께, 그릇의 직경 등에 따라 다르다. 대야처럼 직경이 크면 낮은 소리가 나고 여운도 길다. 반면에 적으면 고음이 생기고 여음이 짧다. 종소리는 가장자리를 때렸을 때 가장 잘 난다. 사기그릇보다 스테인리스 그릇에서 더 여음이 긴 종소리가 난다.

연구
종은 종류도 매우 많고 용도도 여러 가지이다. 아침잠에서 깨워주는 알람도 종의 일종이다. 크고 작은 종을 두드려 음악을 연주하기도 한다.

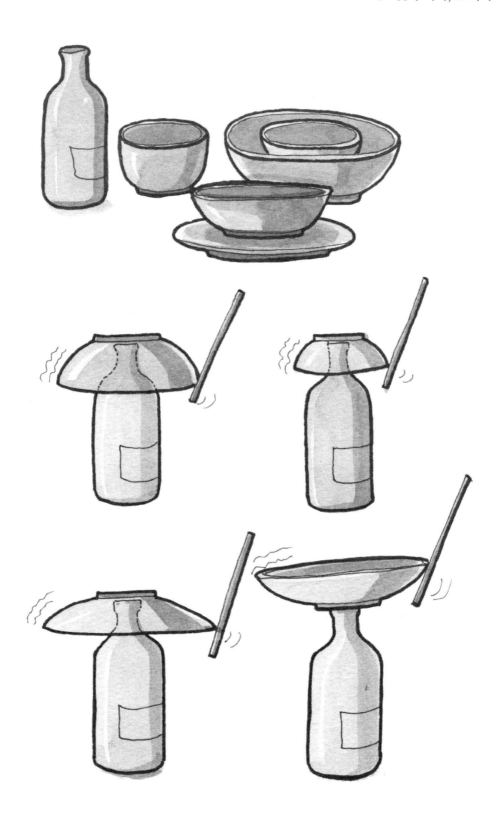

제2장

실험29 소리의 진동(음파)을 눈으로 보는 방법

┌─ 준비물 ─────────────────
- 주둥이가 큰 커피 병
- 고무풍선, 고무 밴드 몇 개, 가위
- 작은 거울 조각
- 접착제나 밥풀
└────────────────────────────

실험 목적 음파는 공기가 진동하는 것이다. 이 진동을 눈으로 확인해보자.

실험 방법

1. 고무풍선을 크게 불었다가 바람을 뺀 다음, 주둥이 근처를 가위로 자른다. 이렇게 하면 풍선의 고무막이 잘 늘어난다.
2. 빈 커피 병의 입을 준비된 고무풍선 막을 팽팽하게 펴서 그림처럼 덮고, 주변을 고무 밴드로 단단히 조인다.
3. 북처럼 된 고무막 중앙에 작은 거울 조각을 접착제(밥풀도 사용가능)로 붙인다. (작은 거울조각은 깨진 거울 조각을 신문지로 몇 겹 싼 후, 망치로 때린다. 신문지를 펴면 적당한 크기의 작은 거울 조각을 찾아낼 수 있다. 나머지 거울 조각은 잘 싸서 휴지통에 버린다.)
4. 준비된 커피 병을 햇볕이 드는 창가로 가져가 거울에 반사된 빛이 벽을 비추도록 한다.
5. 이 상태에서 거울을 향해 아! 우! 카! 하며 다양하게 소리를 내보자. 그때마다 벽에 비친 거울의 반사광이 어떻게 움직이나 관찰한다.

실험 결과

얇은 막에 붙은 거울 앞에서 소리를 내면, 막이 진동하고, 그 진동은 거울을 떨게 하여 벽에 비친 반사광이 흔들리는 것을 볼 수 있다.

연구

공기가 진동하는 모습을 간접적인 방법으로 확인하는 실험이었다. 벽에 비친 거울의 반사광은 소리에 따라 다른 모양의 흔들림을 보여준다.

〈그림1〉

늘어진 풍선
〈불면 잘 늘어난다〉

풍선

고무밴드

거울 조각

신문지

아!

〈그림2〉

실험30 소리의 진동을 맨손에 느껴보자

준비물
- 둥근 고무풍선
- 라디오의 스피커

실험 목적

온갖 소리를 들을 수 있는 것은 고막을 만들고 있는 얇은 막이 음파에 따라 진동하기 때문이다. 라디오의 스피커도 소리에 따라 고막처럼 진동한다. 이 진동을 몸으로 느껴보자.

실험 방법

1. 둥근 풍선을 직경 20-25센티미터 되도록 분다.
2. 라디오나 오디오를 켜고 스피커에서 적당한 크기의 소리가 나도록 볼륨을 조절한다.
3. 풍선을 두 손바닥으로 잡고 스피커 앞으로 조금씩 가까이 가져가 보자. 스피커의 진동이 풍선을 떨게 하여 손에 전달되는가? 풍선과 스피커 사이의 거리가 얼마나 되는가?

실험 결과

풍선을 스피커 근처 약 12센티미터 이내로 가져가면, 스피커의 진동이 풍선을 떨게 하여 손이 그것을 느낄 수 있다. 만일 진동이 잘 느껴지지 않는다면 볼륨을 조금 높여본다.

제3장
물과 액체의 성질

실험31 기름방울의 힘으로 달리는 배

준비물
- 플라스틱판 (또는 카드 종이)으로 만든 배
- 가위   - 석유 1방울
- 대야의 물

실험 목적 석유 1방울을 떨어뜨리는 순간, 앞으로 달려가는 배를 만들어 어떤 힘으로 전진하는지 알아보자.

실험 방법
1. 플라스틱판 위에 그림과 같은 길이 8센티미터 정도의 배 모양을 그린다.
2. 배 뒤쪽으로 홈이 열리도록 가위로 잘라낸다.
3. 대야에 물을 담고 가장자리에 배를 띄워놓는다.
4. 배의 구멍 중앙에 석유를 1방울 떨어뜨린다.
5. 배가 움직이는가?

실험 결과 석유가 떨어지면 홈을 따라 뒤로 퍼져나가게 되고 그에 따라 배는 전진한다.

연구 플라스틱 배를 전진하도록 하는 힘은 두 가지가 있다.
첫째는 석유가 뒤로 퍼지면 그곳의 표면장력이 약해진다. 그러므로 선체는 표면장력이 강한 앞쪽으로 끌려가게 된다. 둘째는 석유가 뒤로 퍼져나가는 힘의 반작용으로(작용과 반작용의 원리) 선체는 앞쪽으로 전진하는 힘이 생긴 것이다. 플라스틱 배는 이 두 가지 원인에 의해 앞으로 나아간다.

실험32 물비누의 힘으로 달리는 종이배

┌─ 준비물 ─────────────────────┐
│ - 종이카드   - 연필과 가위   │
│ - 목욕통 (또는 큰 대야)   - 물비누, 이쑤시개 │
└──────────────────────────────┘

실험 목적
실험31과 비슷한 실험이다. 목욕을 하기 위해 목욕통(또는 큰 대야)에 받아둔 물에 종이배를 띄우고, 물비누의 힘으로 항해하도록 해보자.

실험 방법
1. 종이카드에 그림과 같은 모양의 배를 그리고 가위로 잘라낸다. 선미(船尾) 쏙 들어간 부분이 엔진이다.
2. 종이배를 욕탕 한쪽 편에 놓는다. 이때 선수(船首)가 건너 쪽을 멀리 향하도록 한다.
3. 이쑤시개 끝에 1방울의 물비누를 묻혀 엔진에 놓는다.
4. 종이배는 어떤 움직임을 보이는가?

실험 결과
엔진에 세제를 놓는 순간부터 종이배는 앞쪽으로 달리기 시작한다. 종이배의 항해는 수면 전체에 세제가 퍼질 때까지 계속된다.

연구
이 실험에서 종이배가 진행하는 것은 세제가 밀어주기 때문이 아니라, 세제가 없는 쪽의 물의 표면장력에 끌려가는 것이다.
이 실험은 같은 욕탕의 물로는 1차례 밖에 못한다. 그러므로 몇 차례 실험해보려면, 물을 크게 휘저은 다음에 하거나, 큰 대야에 매번 새물을 담아서 해보도록 한다.

* 종이 외에 비닐이나 얇은 플라스틱, 스티로폼 등으로도 배를 만들어 실험해보자.

엔진

이쑤시개

실험33 물속에 구슬처럼 동그란 기름방울 만들기

┌─ 준비물 ─────────────────┐
- 아주가리 기름 조금
- 투명한 유리컵과 물
- 소독용 알코올
- 스포이트 (또는 가느다란 스트로)
└──────────────────────────┘

실험 목적

거미줄에 맺힌 작은 물방울이 구슬처럼 동그란 것은 물의 표면장력 때문이다. 참기름이나 식용유, 피마자기름, 석유 등도 작은 방울은 동그랗게 된다. 그러나 수면에 떨어진 기름방울은 넓게 퍼져버린다. 만일 물보다 무거운 기름이라면 바닥에 가라앉아 납작해진다. 물속에 떨어져 구슬처럼 동그란 기름방울을 만들어보자.

실험 방법

1. 컵에 물을 반쯤 담고 알코올을 약간 타서 휘저은 후 아주가리 기름 한 방울을 떨어뜨려본다.
2. 기름이 둥둥 뜨면 알코올을 좀더 섞는다.
3. 알코올을 너무 많이 넣어 기름이 바닥으로 바로 가라앉으면 물을 조금 더 탄다.
4. 떨어진 기름이 동그란 방울이 되면, 스포이트에 기름을 담아 수심이 다르게 이동하면서 1방울씩 밀어내 보자.
5. 구슬처럼 동그란 기름방울을 관찰할 수 있는가?

실험 결과

물과 알코올을 섞은 혼합액의 비중이 아주까리기름의 비중과 같아지면, 기름방울은 가라앉지도 않고 뜨지도 않으면서 물속 어디서나 동그란 구슬을 만든다.

연구

비중이 같아진 물과 알코올의 혼합액 속에서 동그랗게 기름방울이 만들어지는 이유는 기름의 분자끼리 서로 당겨 결합하는 표면장력 때문이다.
 식용유나 참기름 등은 물에도 뜨고 알코올에도 뜨기 때문에 실험에 부적당하다.

제3장

실험34 유리컵 안에 하얀 구름을 만들어보자

┌─ **준비물** ─
- 투명하고 키가 큰 유리컵 또는 유리 우유병
- 한 컵 정도의 따뜻한 물
- 냉장고에서 얼린 얼음
└

실험 목적

안개를 보면 하늘로 올라가거나 바람에 날려가기만 하고, 땅으로 내려오는 것은 거의 볼 수 없다. 구름과 안개는 왜 만들어질까? 구름은 지상으로 내려오지 않고 왜 하늘에 떠 있나? 그 이유를 실험을 통해 알아보자.

실험 방법

1. 유리컵을 놓고, 그 위에 컵을 충분히 덮을 크기의 접시를 올려놓는다.
2. 접시 위에 냉장고에서 꺼낸 얼음을 몇 개 놓는다.
3. 5분 정도 지난 뒤 김이 날 정도의 따뜻한 물을 유리컵에 3분의 1만큼 붓고 접시를 그대로 얹어놓는다. (물이 너무 뜨거우면 컵이 깨어질 염려가 있다.)
4. 더운 물 위쪽에 어떤 변화가 생기는가?

실험 결과

컵의 수증기는 위로 올라가 접시 아래쪽에 뿌연 안개를 만든다. 이 유리컵 속의 안개는 아래로 내려오지 않고 오래도록 위쪽에 머물러 있다.

연구

더운물의 수증기는 컵을 덮은 접시가 식어 있기 때문에 접시 아래에서 응결하여 작은 물방울(안개)이 된다. 이것은 지상에서 하늘로 올라간 수증기가 찬 공기를 만나 구름이 되는 것과 마찬가지이다.
　안개를 이룬 작은 물방울이 쉽게 땅으로 떨어지지 못하는 이유는 두 가지가 있다. 하나는 공기의 저항 때문이고, 다른 하나는 컵의 수면에서 위쪽으로 더운 공기가 계속 올라가고 있기 때문이다. 이러한 현상은 지상에서도 일어나며, 이를 상승기류라고 한다.

실험35 샤워 후 물을 닦는 동안 왜 춥게 느껴지나?

┌─ 준비물 ─┐
- 주의와 관찰

실험 목적

수영 후나 샤워 뒤에 몸에 젖은 물을 닦는 동안 추워지면서 몸이 오싹해 지고 심하면 떨린다. 그 이유에 대해 생각해보자.

실험 방법

1. 겨울철에 샤워실에서 따뜻한 물로 목욕을 끝낸 뒤, 젖은 몸을 수건으로 닦고 있으면 선득선득 추위가 느껴지지 않는가? 그 서늘함은 언제 멈추게 되나?
2. 샤워실 문을 열어두었을 때와 닫아두었을 때 느끼는 추위에 차이가 없는가?

실험 결과

여름에는 잘 모르지만, 겨울에 샤워를 마치고 나면 피부가 물기로 젖어 있는 동안 서늘함을 느낀다. 수건으로 다 닦고 몸이 마르면 추위는 가신다. 만일 샤워실 문이 열려 있으면 더욱 한기를 느낀다.

연구

물이 증발할 때는 주위의 열을 뺏어간다. 목욕 후 피부가 젖어 있는 동안 추워지는 것은 열을 잃고 있다는 증거이다. 목욕실의 문이 열려 있으면 실내의 공기가 빠르게 드나들어(대류 현상) 더 심하게 서늘함을 느낀다.
　더울 때 피부의 땀구멍으로 땀이 솟으면 그것이 증발하면서 피부의 열을 식혀준다. 운동을 심하게 하면 체온이 오른다. 그 열을 땀으로 식혀주지 못한다면 정상 체온을 넘어 병이 생기고 말 것이다.

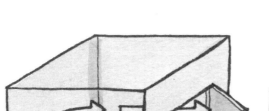

실험36 응집력과 부착력을 확인하는 실험 두 가지

┌─ 준비물 ─────────────────────────┐
- 투명한 유리컵과 물
- 카드 종이(가로 1, 세로 7센티미터) 3매
- 3개의 성냥 개피
└────────────────────────────────┘

실험 목적

물의 분자가 서로 결합하는 힘은 응집력이라 하고, 물과 다른 물체가 붙는 힘은 부착력이라 한다. 응집력과 부착력의 차이를 확인하는 실험을 해보자.

실험 방법

실험1	실험2
1. 카드 종이 3매를 그림처럼 손가락으로 집으면 그 끝은 서로 약간 벌어진다.	1. 3개의 성냥 개피를 책상에 놓고, 친구에게 성냥 개피 1개로 2개의 성냥 개피를 들어올려 보라고 말해보자. "단 한손만 사용하여!" 라고 주문한다.
2. 이것을 물이 가득 담긴 컵에 그대로 집어넣으면, 3매의 카드 종이는 물속에서도 끝이 서로 벌여져 있다.	2. 만일 친구가 할 수 없다고 포기한다면, 1개의 성냥 개피를 물에 적신 다음 그것을 다른 성냥 개피 옆에 가져가보자.
3. 이것을 물에서 건져 올려보자. 어떻게 되는가?	

실험 결과

실험1 - 종이 카드는 물 밖으로 나오는 순간부터 서로 짝 붙어버린다.
실험2 - 물에 적신 성냥 개피 하나는 2개의 성냥 개피를 양쪽에 들어 붙게 할 수 있다.

연구

물의 표면장력은 물 분자끼리 서로 단단히 붙는 응집력 때문에 생긴다. 실험1에서 물속에 있을 때의 종이에는 물의 응집력(표면장력)이 전체적으로 고르게 작용하기 때문에 붙지 않고 그대로 있다. 그러나 물 밖으로 들어내면 물의 응집력은 종이 카드 전체를 들어붙게 만든다. 물은 다른 물체와도 잘 부착한다.
　　2매의 유리 사이에 물을 바르면 아주 단단하게 들어붙는다. 마찬가지로 물의 부착력은 성냥 개피 하나로 2개를 붙여 들어올릴 수 있다.

그림1

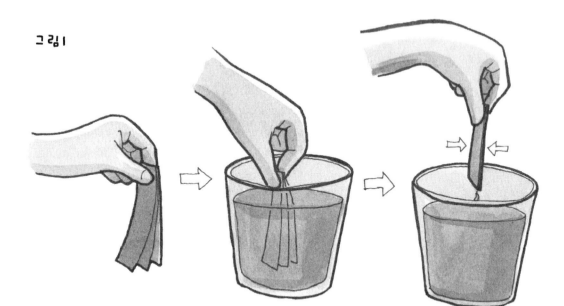

그림2

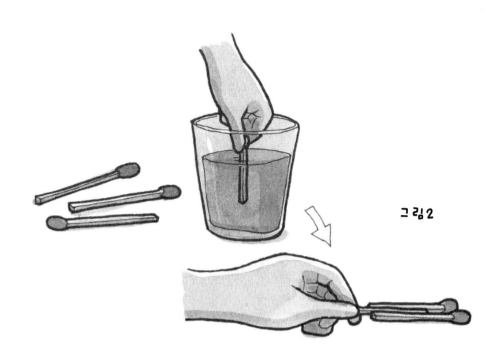

실험37 수도꼭지에서 떨어지는 물은 왜 아래로 갈수록 가늘어지나?

준비물
- 수도꼭지

실험 목적

수도꼭지에서 흘러나온 물은 아래로 내려갈수록 가느다랗게 된다. 그 이유를 관찰하며 물의 성질을 생각해보자.

관찰 방법

1. 수도꼭지를 적당히 틀어 흘러내리는 모습을 관찰한다. 내려갈수록 물이 떨어지는 속도는 어떻게 되나? 물줄기는 얼마나 가늘어지나?
2. 컵에 담은 물을 높은 위치에서 주르륵 쏟으며 물줄기를 관찰해보자.
3. 높은 폭포 아래의 바위가 깊이 패는 이유를 생각해보자.

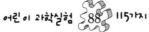

관찰 결과

수도꼭지에서 나온 물줄기는 지구의 중력 때문에 내려갈수록 빨리 떨어지게 되고, 그에 따라 물줄기는 점점 가늘어진다.

연구

수도꼭지를 떠난 물은 표면장력 때문에 서로 붙어 물줄기를 만들게 되고, 이 물줄기는 내려갈수록 차츰 빨리 떨어진다.

많은 물이 흐르는 냇물을 관찰해보면, 넓은 수면을 차지한 물은 서서히 흐르지만, 폭이 좁은 곳을 흐르는 물은 유속이 빠른 것을 관찰할 수 있다. 냇물이 소리까지 내며 빠르게 흐르는 곳을 '여울'이라고 말한다.

높은 절벽에서 떨어지는 물은 큰 에너지를 가지고 있다. 폭포의 물은 바닥의 바위를 침식시켜 깊은 웅덩이를 만든다.

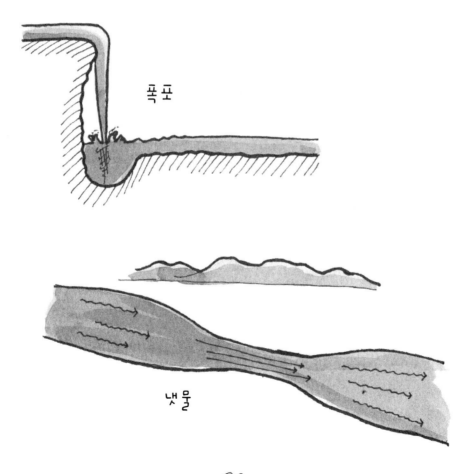

폭포

냇물

제3장

실험38 액체 속에 종이를 담그면 왜 젖어드는가?

┌─ 준비물 ─────────────────────────
- 유리컵 6개
- 물, 소금물, 비눗물, 소독용 알코올, 식용유, 석유
- 폭 1, 길이 7센티미터 되게 자른 키친타월 조각 6개
  (키친타월 : 섬유질로 만든 부엌에서 쓰는 종이 행주)

실험 목적 석유등잔이나 양초에는 심지가 있다. 그 심지는 면실로 만들어야 하는 이유를 알아보자.

실험 방법
1. 키친타월(종이)을 폭 1센티미터, 길이 7센티미터쯤 되게 똑 같은 크기로 잘라 6개를 준비한다.
2. 종이의 끝 1센티미터 되는 부분을 꺾어 그림처럼 접히게 한다.
3. 6개의 컵에 물, 소금물, 비눗물, 알코올, 식용유, 석유를 같은 양 각각 붓는다.
4. 각 컵의 가장자리에 종이의 접힌 부분을 걸치고 다른 끝은 액체 속에 잠기게 한다.
5. 키친타월 종이를 따라 액체가 스며 오르는 모양과 속도를 비교 관찰해보자. 또한 그 이유에 대해서도 생각해보자.

실험 결과 액체마다 스며 오르는 높이에 차이가 있다. 키친타월에 적셔진 액체는 섬유질의 가느다란 틈새를 따라 높이 올라온 것이다.

물

소금물

물이나 액체들은 부착력 때문에 좁은 틈을 따라 높이 올라간다. 나무의 물관은 아주 좁은 파이프여서 그 틈새로 수분이 올라간다. 석유등잔의 심지는 면실로 만들어야 섬유가 틈새로 끊이지 않고 올라가 불꽃을 만든다. 양초의 심지도 마찬가지이다.

모세관

액체가 높이 오르는 좁은 틈새를 '모세관'이라 하고, 모세관을 따라 오르는 물리적 현상을 '모세관현상'이라 한다. 면실의 원료인 목화나, 종이의 원료인 펄프는 가느다란 섬유질이다. 걸레는 섬유질이 많은 천으로 만든 것이어야 물에 잘 젖는다.

우리 몸에서 가장 가느다란 혈관을 '모세혈관'이라 부르는데, 모세혈관의 굵기는 적혈구 한 개가 겨우 지나갈 정도로 좁다.

비눗물　　식용유　　석유

실험39   물은 끓이지 않아도 왜 증발하나?

┌─ **준비물** ───────────────────┐
- 온도계   – 선풍기
- 물을 담은 큰 접시
- 온도계와 습도계가 함께 설치된 건습구습도계 (문방
  구에서도 판다)
└─────────────────────────┘

실험 목적

그릇에 담아둔 물은 끓이지 않아도 계속 증발한다. 기온이 높거나, 바람
이 불거나, 공기가 건조하면 증발 속도는 더 빨라진다. 그 이유를 알아
보자.

실험 방법

1. 접시에 물을 담고 그 위로 선풍기 바람이 지나가게 한다.
2. 온도계를 들고 기온을 측정하여 기록한 다음, 온도계의 동그란 바닥
   부분을 접시에 적신 상태로 3분쯤 두었다가 온도를 보자. 공기 중에
   서와 물에 적셔두었을 때의 온도에 차이가 있는가?

실험 결과

물에 적신 온도계(습구온도계)의 눈금은 공기 중에서보다 몇 도 낮다.

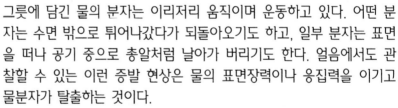

그릇에 담긴 물의 분자는 이리저리 움직이며 운동하고 있다. 어떤 분
자는 수면 밖으로 튀어나갔다가 되돌아오기도 하고, 일부 분자는 표면
을 떠나 공기 중으로 총알처럼 날아가 버리기도 한다. 얼음에서도 관
찰할 수 있는 이런 증발 현상은 물의 표면장력이나 응집력을 이기고
물분자가 탈출하는 것이다.

연 구   수면 위로 바람이 불고 있으면 물 분자는 더 쉽게 도망갈 수 있다.
물의 온도가 높으면 운동은 보다 활발해져 더 많은 물 분자가 튀어 나간다. 공기가 건
조할 때는 증발이 더 잘 일어난다. 물이 증발하면 주변의 열을 식혀주게 된다.
두 개의 온도계를 나란히 설치해 놓은 건습구습도계를 살펴보자. 오른쪽 온도계 끝에
천이 묶여 있고 그 천은 물이 담긴 공간에 적셔져 있다.
 젖은 천에서는 증발이 일어나기 때문에 습구온도계는 왼쪽 건구온도계보다 늘 온도
가 낮다. 만일 온도가 같다면, 물이 말라 있거나 그날의 습도가 너무 높아 포화습도
(100%)일 때이다. 건습구온도계는 두 온도계 사이의 온도차를 이용하여(습도 환산표
를 본다) 온도와 습도를 동시에 재도록 만든 것이다.

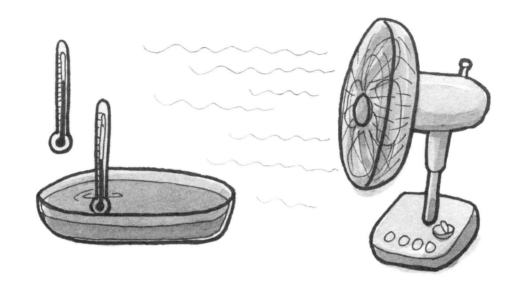

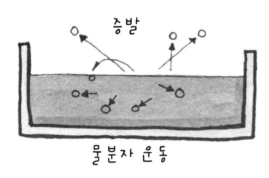

증발

물분자 운동

건습구 습도계

건구   습도 환산표   습구

1 2 3 4 5 6

온도차

천

물

* 젖은 빨래를 빨리 마르게 하는 방법을 생각
  해보자.
* 다른 액체들은 얼마나 잘 증발하는지 물과
  비교해보자.

실험40

소금을 잔뜩 넣어도 부피가 늘어나지 않는 물

┌─ 준비물 ─────────────────────┐
- 물 컵과 받침 접시   - 소금 (큰 숟가락 분량)
- 젓가락   - 유리병
- 자갈과 모래
└────────────────────────────┘

실험 목적 물에 소금이나 설탕을 녹여보면 물의 부피가 좀처럼 늘어나지 않는다. 그 이유를 알아보자.

실험 방법

실험1
1. 컵에 물을 넘치도록 가득 담고 받침 접시 위에 놓는다.
2. 소금 한 숟가락을 컵에 조금씩 천천히 쏟는다. 물 일부가 컵 밖으로 넘칠 것이다.
3. 젓가락으로 컵의 소금을 전부 녹인다.
4. 받침 접시로 넘어 나온 물을 컵에 다시 담는다. 컵의 물이 넘치는가?

실험2
1. 유리병에 작은 돌을 가득 담는다.
2. 돌 틈새로 모래를 넣어보자. 얼마나 많은 모래를 더 넣을 수 있는가?

실험 결과

1. 컵의 물에 소금을 한 숟가락이나 넣었지만, 넘쳐 나온 물을 다시 담아 보면, 컵의 물은 증가하지 않고 그대로 있거나 아주 조금 넘칠 뿐이다.
2. 돌멩이 틈 사이로 상당량의 모래가 더 들어갈 수 있다.

연구 물의 분자는 소금의 분자보다 크다. 그러므로 분자가 작은 소금은 커다란 물분자의 틈새로 상당량이 녹아들어 갈 수 있다. 이러한 현상은 실험2를 해보면 확실히 이해할 수 있다.

실험1

소금

실험2

모래

실험41 물수건을 이용하여 흙탕물을 여과해보자

> **준비물**
> - 물 통 2개   - 헌 수건
> - 흙 한줌

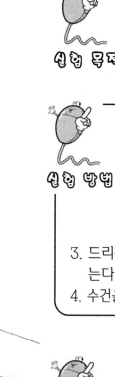

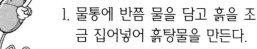

실험 목적

물이 담긴 대야 가장자리에 걸쳐 둔 걸레는 대야의 물을 마루로 흘러나오게 한다. 이때 물속의 흙먼지까지 흘러나올까?

실험 방법

1. 물통에 반쯤 물을 담고 흙을 조금 집어넣어 흙탕물을 만든다.
2. 흙탕물이 담긴 물통을 탁자 위에 놓고, 가장자리에 수건을 걸친다. 이때 수건의 한쪽이 흙탕물에 잠기게 한다.
3. 드리워진 수건 아래에 빈 물그릇을 놓는다.
4. 수건을 따라 흘러나온 물도 흙탕물인가?

실험 결과

흙탕물 속의 물은 모세관현상에 의해 수건의 섬유 사이로 올라와 마루에 놓인 물그릇으로 떨어져 내린다. 이때 흘러내린 물에는 흙먼지가 섞여 있지 않다.

물수건은 면섬유로 되어 있어 모세관현상이 잘 일어난다. 이때 흙탕물 속의 흙먼지 입자는 모세관을 올라오지 못하고 물만 지나오게 된다. 그러므로 수건은 여과(필터) 역할을 한 것이다. 그러나 이런 방법으로 여과한 물을 먹을 수는 없다. 물에 용해된 작은 분자의 이물질들은 물에 녹은 상태로 모세관을 따라 이동하기 때문이다.

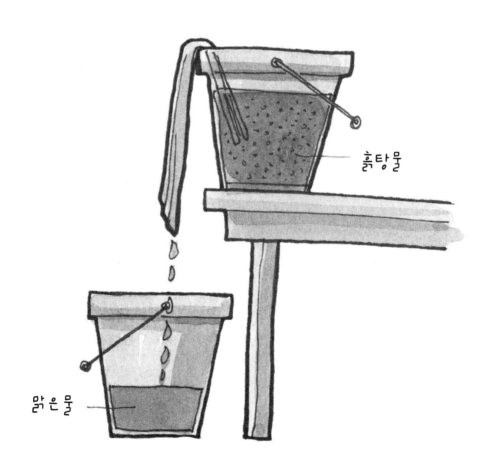

흙탕물

맑은 물

제3장

실험42 스케이트와 스키는 왜 잘 미끄러지나?

┌─ 준비물 ─
- 냉장고에서 얼린 사각 얼음 4개
- 호수의 빙판과 큼직한 돌멩이

실험 목적 스케이트장의 얼음이나 스키장의 눈은 생각처럼 미끄럽지 않다. 그러나 스케이트를 신고 얼음 위를 지치거나, 스키를 타면 잘 미끄러진다. 그 이유를 실험으로 확인해보자.

실험 방법 1. 사각 얼음 2개를 마주 붙이고 컵 등을 얹어 2,3분간 눌러두었다가 서로 떼어보자. 두 얼음 사이는 다시 얼었는가, 아니면 표면이 살짝 녹았는가?

2. 나머지 얼음 2개는 서로 마주 붙인 상태로 그대로 2,3분 두었다가 떼어보자. 두 얼음 조각은 쉽게 떨어지는가?

실험 결과 얼음 조각 둘을 서로 붙인 상태로 압력을 주면, 그 사이의 얼음 표면은 녹아 미끄럽게 된다. 그러나 압력을 주지 않고 그대로 붙여준 것은 서로 얼어붙는다.

강이나 호수가 꽁꽁 얼었을 때, 얼음 위에 던져둔 돌멩이를 다음 날 관찰해보면 얼음 속으로 움푹 파고들어가 있다. 그 이유는 돌멩이의 압력이 그 아래의 얼음을 녹인 때문이다. 스케이트를 지치면, 좁은 날 아래로 압력이 주어지고, 그 압력은 얼음의 온도를 높여 녹게 한다.

스케이트가 잘 미끄러지는 것은 순간적으로 녹은 물이 윤활유처럼 마찰을 줄이기 때문이다. 스케이트 날이 지나가고 나면 그 자리는 금방 다시 언다(기온이 영하일 때라면). 눈 위에서 스키가 잘 미끄러지는 것도 같은 이유이다.

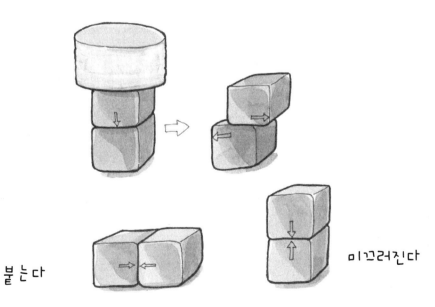

붙는다

미끄러진다

실험43 물에 공기가 섞이면 느리게 왜 얼까?

┌─── 준비물 ───────────────────────
- 같은 모양의 컵 4개와 젓가락
- 끓인 물 1컵, 수돗물 2컵, 소금물 1컵
- 냉장고
└──────────────────────────────────

실험 목적 소금물은 맹물보다도 천천히 언다 (어는 온도가 낮다). 물에 공기가 많이 섞여도 어는 온도가 변할까? 실험으로 확인해보자.

실험 방법
1. 다음과 같이 4가지 물을 준비하여 컵에 같은 양을 담는다.
 1) 수돗물
 2) 소금물
 3) 끓였다가 다른 물과 온도가 같도록 충분히 식힌 물
 4) 수돗물을 컵에 담고 젓가락으로 마구 휘저은 물
2. 위의 4가지 물을 똑같은 양씩 컵에 담아 동시에 냉장고에 넣고 얼린다.
3. 4가지 물은 어떤 것이 먼저 얼음으로 될까? 순서대로 알아보자.

실험 결과 끓였다가 식힌 물(3)이 가장 먼저 얼고, 다음은 수돗물(1), 세 번째는 수돗물을 휘저어준 것(4), 그리고 끝으로 소금물(2)이 언다.

연구 물속에 어떤 물질이 녹아있으면, 녹은 양이 많을수록 어는 온도(빙점)가 낮아진다. 이를 '빙점강하' 라고 말한다. 물속에 공기가 많이 녹아 있어도 물의 어는 온도는 낮아진다.
 물을 끓이면 물속에 녹아 있던 공기가 대부분 탈출하게 된다. 끓이지 않은 수돗물이라도, 병에 넣고 마구 흔들면 공기가 많이 녹아들게 된다. 따라서 이런 물은 조용히 둔 수돗물보다 늦게 언다. 그 결과 소금을 녹인 물이 제일 늦게 (가장 낮은 온도)에서 얼음이 된다.

수돗물

소금물

끓였다가 식힌물

휘저은 물

영하가 되어도
얼지 않는다

휘저은 물

소금물

제3장

실험44 소금물과 맹물은 어느 것이 먼저 끓을까?

준비물
- 같은 크기의 냄비 2개
- 물 컵, 냉수, 소금 2숟가락

실험 목적

물속에 소금이 섞여 있으면 잘 얼지 않는다 (실험42 참조). 한편 소금물은 맹물보다 더디게 끓는다. 실험으로 그 이유를 확인해보자.

실험 방법

1. 한 냄비에는 물을 4컵 붓고, 다른 냄비에는 같은 양의 물에 소금을 2숟가락 넣어 녹인다.
2. 냄비를 하나씩 불 위에 올려놓아 끓기까지 걸리는 시간을 비교해보자. 어느 물이 먼저 끓는가?

(* 뜨거운 불과 물을 다루는 이 실험은 부모님이 지켜보는 곳에서 해야 한다.)

실험 결과

맹물이 소금물보다 먼저 끓기 시작한다.

연구

물이 끓는다는 것은 액체이던 것이 기체로 변화되는 것이다. 물이 끓는 온도(섭씨 100도)를 끓는점 또는 비등점이라 한다.
물에 소금이 녹아 있으면 비등점이 섭씨 100도보다 높아진다. 이것은 소금이 기체로 변하기 어렵기 때문이다. 그래서 음식을 높은 온도로 잘 익히려면 소금물에서 끓이는 것이 효과적이다.

* 소금물의 농도에 따라 끓는 온도는 어떻게 달라지나 조사해보자.

제3장

실험45

삼투압으로 계란 껍데기를 깨뜨려보자

┌─ 준비물 ─────────────────┐
- 생계란   - 식초 반 컵
- 물 반 컵
└────────────────────────┘

실험 목적

계란 껍데기 안쪽의 얇은 막은 반투성막이다. 반투성막으로는 물과 공기가 지나갈 수 있다. 실험을 통해 반투성막과 삼투현상 및 삼투압에 대해 알아보자.

실험 방법

실험1	실험2
1. 계란을 식초에 담가 껍데기가 부드러워질 때까지 둔다. 2. 식초를 쏟아버리고 대신 물을 채운다. 3. 2~3일 후 관찰해보자. 계란이 팽창하여 껍데기가 터져 있는가?	1. 식초를 사용하지 않고, 계란껍데기에 핀 끝으로 성냥 머리 크기의 작은 구멍을 낸다. 이때 핀이 안쪽의 얇은 내부 막에 상처를 내지 않도록 한다. 2. 구멍을 뚫은 계란을 물이 담긴 컵에 넣어둔다, 2~3일 후 관찰해보자.

실험 결과

실험1, 실험2 모두 계란이 크게 부풀어 올라 외부 껍데기가 터지는 현상이 일어난다.

연구

건강한 계란의 외부 껍데기는 물이 스며들지 않는다. 그러나 식초에 담가두면 껍데기에서 탄산가스가 발생하게 되고, 그 결과 부드러워져 물이 스며들 수 있게 된다.

물에 담가둔 계란이 커진 이유는, 물이 외부 껍질을 지나 (또는 깨뜨린 구멍으로) 안쪽의 얇은 막을 통해 내부로 들어갔기 때문이다. 이처럼 외부의 물이 막을 통해 안쪽으로 들어가는 현상을 삼투라고 말하며, 삼투현상이 일어나는 막을 반투성막이라 한다. 계란의 내부 막과 세포의 막은 대표적인 반투성막이다.

물과 소금물 사이에 반투성막이 가로막고 있으면(아래 그림), 물은 소금의 농도가 진한 소금물 쪽으로만 스며들어간다.

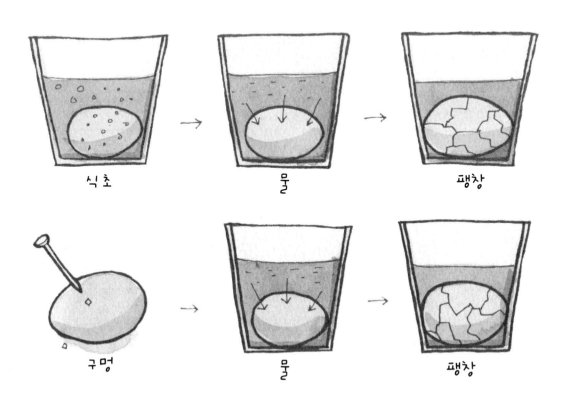

식초　　　　물　　　　팽창

구멍　　　　물　　　　팽창

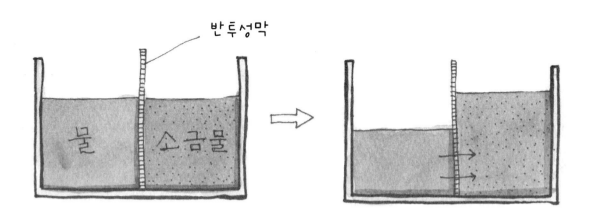

반투성막

물　소금물

실험46 실로 물 위에 뜬 얼음덩이를 들어 올려 보자

┌─ 준비물 ─────────────────────┐
- 실   - 사발과 사각 얼음 1개
- 물, 약간의 소금
└──────────────────────────────┘

실험 목적

얼음에 소금을 섞으면 얼음과 주변의 온도는 더 내려간다. 이런 성질을 이용하여 아이스크림을 만들 수 있다 ('과학문화 총서' 제1권 실험 80 참고). 물위에 뜬 얼음을 손대지 않고 실만으로 들어올리는 실험을 해보자.

실험 방법

1. 냉장고에서 꺼낸 사각 얼음 한 덩이를 유리컵에 놓는다.
2. 얼음 표면에 실 끝을 걸쳐 놓는다.
3. 실 끝과 얼음이 접촉한 부분에 소금을 뿌린다.
4. 5~10분 후에 실을 가만히 들어보자. 얼음이 실에 매달려 들리는가?

실험 결과

실은 얼음 표면에 얼어붙어 얼음덩이를 거뜬히 들어올린다.

연구

얼음에 소금을 섞으면, 소금이 녹으면서 얼음의 온도를 0도보다 더 낮게 만든다. 그러므로 얼음 표면은 실과 함께 다시 얼어붙어 얼음을 매달 수 있게 된다.

소 금

실험47

물위에 뜬 바늘이 순식간에 물속으로!

┌─── 준비물 ───
- 접시, 바늘, 핀셋 (또는 포크)
- 물비누(합성세제)
└─────────

실험 목적

물의 표면장력을 이용하여 바늘을 물에 뜨게 할 수 있다. 물에 뜬 바늘이 순식간에 물속으로 가라앉게 하는 실험을 해보자.

실험 방법

1. 그릇에 물을 가득 담는다.
2. 그림과 같이 핀셋으로 바늘을 집어 수면에 가만히 놓으면 바늘은 물에 뜬다. 그것이 어려우면, 포크 끝에 바늘을 얹어 가만히 수면에 내려놓아도 된다. (만일 계속 실패한다면, <과학문화총서> 제2권 실험 30의 '물위를 헤엄치는 바늘 만들기'를 참조하여, 두 가닥의 실에 바늘을 얹어 조용히 내려놓으면 성공한다.
3. 바늘이 물에 뜬 것을 확인한 뒤, 핀셋 끝에 물비누를 조금 묻혀 수면에 적셔보자. 바늘은 어떤 변화를 보이는가?

실험 결과

물비누가 묻은 핀셋이 수면에 닿자마자, 떠 있던 바늘은 물속으로 가라앉아버린다.

연구

물의 표면에 놓인 분자들은 서로 강하게 붙어서, 마치 보이지 않는 얇은 막을 펼친 것 같은 '표면장력'을 나타낸다. 수면에서 헤엄치며 사는 곤충은 표면장력 때문에 그것이 가능하다. 쇠로 만든 바늘이라도 조용히 놓으면 떠 있게 할 수 있다. 그러나 물비누(세제)는 물의 표면장력을 약하게 하기 때문에 수면의 바늘은 금방 가라앉아버린다.

제3장

기름과 물은 왜 섞이지 않나?

┌─ 준비물 ─────────────────┐
- 물 30밀리리터, 식용유 30밀리리터
- 뚜껑이 있는 작은 유리병
- 색소(수채화물감도 가능)
└──────────────────────────┘

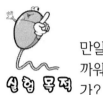

실험 목적

만일, 두 사람 사이가 '기름과 물 같다'라고 말한다면, 그 두 사람은 가까워질 수 없는 관계임을 의미한다. 기름과 물은 왜 서로 섞이지 못하는가?

실험 방법

1. 물에 붉은색이나 청색 물감을 타서 기름의 색과 구분되도록 한다.
2. 물과 식용유를 같은 양 작은 병에 담으면, 기름이 물 위에 뜬다.
3. 병의 마개를 잘 닫고, 병을 약 1분 동안 마구 흔들어 물과 기름이 고루 섞이도록 한다.
4. 이 병을 탁자에 세워두자. 물과 기름이 다시 분리되는가?

실험 결과

기름과 물이 든 병을 아무리 잘 흔들어 섞어두어도, 둘은 곧 상하로 구분되어 층을 이룬다.

연구

물의 분자는 서로 끌어당겨 붙는 응집력을 가지고 있다. 마찬가지로 식용유의 분자들도 응집력을 가지고 있으며 그 힘은 물보다 더 강하다. 그리고 식용유의 무게는 물보다 가볍다. 그러므로 식용유 분자는 서로 결합하여 물 위에 뜨게 된다. 기름기가 있는 뜨거운 고기 국이 식으면, 기름 성분만 물 위에 뜨는 것도 같은 이유이다.

〈* 실험 후에는 사용한 기구들에 기름기가 남아 있지 않도록 비누로 잘 씻어둔다.〉

(또는 수채화물감)

식용유
물

식용류
물

실험49 물의 표면장력은 이쑤시개도 끌고 간다

┌─ **준비물** ─┐
- 이쑤시개 6개   - 각설탕 몇 개
- 세제 몇 방울과 젓가락   - 큰 접시와 물

실험 목적

물의 표면장력은 종이배를 끌어간다(실험31 참고). 이번에는 이쑤시개를 끌고 가는 표면장력의 힘을 관찰해보자.

실험 방법

1. 널따란 접시에 물을 가득 담는다.
2. 물의 중간에 이쑤시개 6개를 그림처럼 놓는다.
3. 젓가락 끝에 물비누를 묻혀 이쑤시개의 중간 위치에 적셔보자.
4. 이쑤시개는 어떤 반응을 보이는가?

실험 결과

물비누가 물 표면에 기름처럼 퍼져감에 따라 6개의 이쑤시개는 접시 가장자리로 각기 끌려간다.

연구

모든 액체가 다 표면장력을 가지고 있다. 그러나 액체 종류에 따라 표면장력의 세기는 서로 다르다. 비눗물은 물보다 표면장력이 약하다.

액체의 작은 방울이 구슬처럼 되는 이유는 표면장력 때문이다. 금속이면서 액체인 수은의 방울은 마치 볼 베어링처럼 동그랗게 보인다.

* 〈과학문화 총서〉 제2권의 실험29는 후추가루를 이용하여 비슷한 실험을 한 것이다.

세제

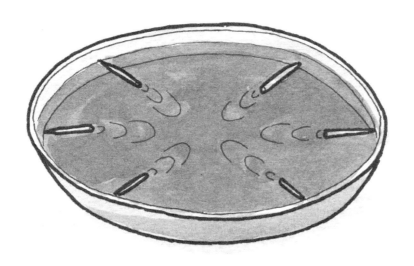

실험50

물 컵 속의 코르크 조각은 왜 고집스럽게 가장자리로 가나?

┌─ 준비물 ─
- 코르크 (또는 스티로폼) 조각
- 물 컵 2개, 젓가락

실험 목적 물의 응집력과 표면장력을 동시에 확인해보는 실험이다.

실험 방법

1. 컵에 물을 거의 가득 담고 그 위에 코르크나 스티로폼 조각을 띄운다.
2. 젓가락으로 스티로폼(또는 코르크) 조각을 컵 중앙으로 이동시켜 보자. 그대로 있는가 아니면 고집스럽게 가장자리로 이동하여 컵 벽에 붙는가?
3. 스티로폼 조각을 놓아둔 물에 조금씩 물을 더 부어 넘치도록 해보자.
4. 스티로폼은 지금도 가장자리로 가는가?
5. 컵이 넘치도록 물이 가득하면 수면은 왜 볼록해지는가?

실험 결과

물 위에 뜬 코르크(스티로폼)는 물이 넘치도록 가득하지 않은 한, 자꾸만 가장자리로 와서 붙는다. 그러나 물이 가득하여 수면이 볼록한 상태가 되면, 코르크는 물의 중앙 부분으로 이동하여 가장자리로 오지 않는다.

연구

컵에 물이 가득 차지 않는 동안은 물의 접착력에 의해 코르크는 컵 가장자리에 붙어버린다. 이때 컵 가장자리의 물은 중앙보다 수위가 높다. 그러나 컵이 넘치도록 물이 가득하면 물의 표면장력에 의해 수면이 볼록해진다. 이런 상태가 되면 코르크는 접착할 가장자리가 없어지므로, 수면이 가장 높은 중앙부로 이동하게 된다.

코르크
(스티로폼)

실험51 뜨거운 떡이나 부침개는 왜 꼭 대소쿠리에 담는가?

┌─ 준비물 ─────────────────────────┐
– 뜨거운 빈대떡 (또는 부침개나 팬케이크)
– 큰 사기 접시
└──────────────────────────────┘

실험 목적

어머니가 빈대떡이나 부침개(전)를 프라이팬에 구워 그릇에 담을 때는 접시에 바로 담지 않고 대나무로 만든 소쿠리에 담는 것을 본다. 그 이유를 실험으로 알아보자.

실험 방법

1. 프라이팬에 빈대떡을 얹어 뜨겁게 데운다.
2. 이것을 찬 사기접시에 담는다.
3. 10초 정도 지난 후 접시의 빈대떡을 집게로 집어 들고, 접시 바닥을 살펴보자. 어떤 현상이 생겨 있는가?

실험 결과

빈대떡 아래가 물로 젖어 있는 것을 보게 된다.

연구

빈대떡에서 나온 뜨거운 수증기는 찬 접시바닥에서 응결하여 잠간 사이에 물방울이 된다. 그러므로 뜨거운 떡이나 팬케이크 등을 그대로 사기 접시에 놓으면 물에 젖어 제 맛을 잃어버리게 된다. 그래서 어머니들은 막 데운 빈대떡이나 부침개는 바닥에 구멍이 숭숭 뚫려 습기가 쉽게 빠져나갈 수 있는 대소쿠리에 담고 있다. 만일 소쿠리가 없다면, 접시를 먼저 따뜻하게 데워 그 위에 놓아야 할 것이다. 마찬가지로 불에 구운 뜨거운 생선도 찬 접시에 놓으면 바닥에 습기가 고인다.

제3장

실험52 **거꾸로 해도 물이 쏟아지지 않는 신비한 물병**

┌─ **준비물** ─────────────
│ – 플라스틱 생수병 (또는 주스병)
│ – 양파 주머니 그물
│ – 가위와 고무 밴드
└──────────────────────

실험 목적 물의 표면장력이 더 강하게 나타나도록 하는 방법이 있을까?

실험 방법
1. 양파주머니의 일부를 가위로 잘라 사각형의 그물 조각을 준비한다.
2. 플라스틱 음료수병에 물을 가득 채운다.
3. 병의 입구를 그물 조각으로 막은 다음, 고무 밴드로 조인다.
4. 이런 물병을 옆으로 기울여보자. 물이 쏟아지는가?
5. 이 물병을 빨리 거꾸로 세워보자. 물이 흘러나오는가?
6. 그물 눈 사이로 이쑤시개를 밀어 넣어보자. 물이 나오는가?

실험 결과
그물로 입구를 막은 병을 옆으로 기울이면 물이 잘 흘러나온다. 그러나 병을 얼른 거꾸로 세우면 물은 나오지 않게 된다. 또한 이쑤시개를 밀어 넣어도 물은 나오지 않고, 이쑤시개만 수면으로 떠오른다.

연구
병의 입구를 그물로 막으면 표면장력이 더 강해지기 때문에 물이 나오지 않게 된다. 이처럼 표면장력이 변하는 것은, 물과 그물이 서로 붙는 부착력이 추가된 결과이다. 또한 물병 안의 기압이 외부보다 조금 낮아지는 것도 물이 흘러내리는 것을 억제한다.

제4장
힘과 운동의
과학실험

 실험53 **접시 물 안에서 일어나는 원심력 실험**

┌─ 준비물 ─────────────────────
- 직경 30센티미터 정도의 대야
- 직경 15센티미터 정도의 속이 깊은 접시나 종발
- 나무젓가락, 물, 간장 몇 방울
└──────────────────────────

실험 목적

둥근 대야에 담긴 물을 손으로 휘휘 저어 돌리면, 주변의 물은 원운동을 하면서 대야의 가장자리 위로 올라간다. 이것은 원심력 때문인데, 좀 더 극적인 원심력 현상을 실험해보자.

실험 방법

1. 대야에 물을 충분히 담는다.
2. 작은 접시나 종발에 물을 1~1.5센티미터 깊이로 담고, 이 물에 간장 2,3방울을 넣고 저으면 눈에 잘 보이는 연한 갈색물이 된다.
4. 이 접시를 대야 중앙에 띄우고, 나무젓가락을 이용하여 그림처럼 물에 뜬 상태로 접시를 돌린다.
5. 접시의 회전속도가 빨라지면, 접시 안의 물은 어떤 변화를 보이는가? 접시에 손가락을 살짝 대어 회전 속도를 줄이면 물의 운동은 어떻게 되나?

실험 결과

접시의 회전속도가 빨라지면 접시 안의 갈색 물은 가장자리로 올라가고, 접시 중앙은 맨바닥을 드러낸다. 접시의 회전 속도를 줄이면, 높이 올라갔던 가장자리의 수위는 다시 낮아진다.

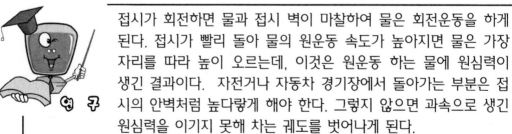

연구

접시가 회전하면 물과 접시 벽이 마찰하여 물은 회전운동을 하게 된다. 접시가 빨리 돌아 물의 원운동 속도가 높아지면 물은 가장자리를 따라 높이 오르는데, 이것은 원운동 하는 물에 원심력이 생긴 결과이다. 자전거나 자동차 경기장에서 돌아가는 부분은 접시의 안벽처럼 높다랗게 해야 한다. 그렇지 않으면 과속으로 생긴 원심력을 이기지 못해 차는 궤도를 벗어나게 된다.

원운동을 하는 물체는 중심으로부터 멀리 달아나려고 하는 원심력과, 그에 반대되는 구심력이 있다. 원심력과 구심력은 힘의 크기는 같고, 방향은 반대이다.

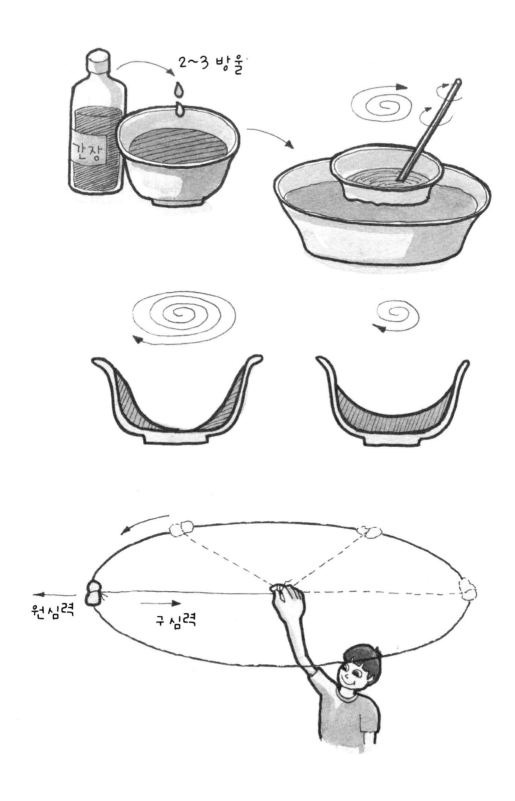

실험54 컵에 담긴 물속의 모래는 왜 중앙에 모이나?

┌─ 준비물 ─┐
- 투명한 유리컵과 물
- 모래알 조금

실험 목적

물이 담긴 컵에 설탕을 넣고 젓가락으로 빙빙 돌려 저으면, 덜 녹은 설탕이 컵 바닥의 가장자리로 가지 않고 중앙에 모여 돌고 있는 것을 볼 수 있다. 이러한 현상은 소금을 녹일 때도 관찰할 수 있다. 그 이유를 실험으로 확인해보자.

실험 방법

1. 컵에 물을 3분의 2쯤 담는다.
2. 모래알을 조금 넣는다.
3. 컵에 젓가락을 넣어 빙빙 돌리면서 젓다가 중단하고 모래알의 움직임을 관찰해보자. 물의 회전 속도가 줄면서 가장자리의 물은 어느 쪽으로 흐르고, 중앙의 물은 어느 방향으로 운동하나? 또 모래알은 어디에 모이는가?

실험 결과

젓가락으로 휘젓는 동안 모래알은 물 전체에 퍼져 돌아간다. 그러나 젓가락을 빼내면 그때부터 물이 도는 속도가 감소하면서 가장자리의 물은 그림처럼 아래 방향으로 이동하고 중앙의 물은 위로 오른다. 이것은 작은 모래 입자의 움직임을 보아 알 수 있다. 끝에 가서 모래알들은 컵 바닥의 중앙에 쌓인다. 이때 무겁고 큰 모래알일수록 먼저 가라앉아 중앙에 모인다.

연구

컵에 담긴 물을 휘돌려 저으면, 컵 가장자리를 따라 도는 물은 중간 부분의 물보다 더 빠른 속도로 돈다. 이때 가장자리의 물은 중앙부의 물보다 원심력이 크다. 그러므로 컵 가장자리의 물은 컵 벽을 따라 높이 오르고 중앙은 오목하게 내려간 소용돌이 형태가 된다. 젓기를 중단하면 가장자리를 따라 높이 올라갔던 물은 내려오게 되고, 반대로 중앙의 물은 올라가면서 수면이 같아지게 된다(아래 그림). 이 과정에 물보다 무거운 모래는 아래로 내려와 컵의 바닥과 마찰을 하게 되고, 회전속도가 느리고 원심력이 적게 작용하는 중앙에 쌓인다.

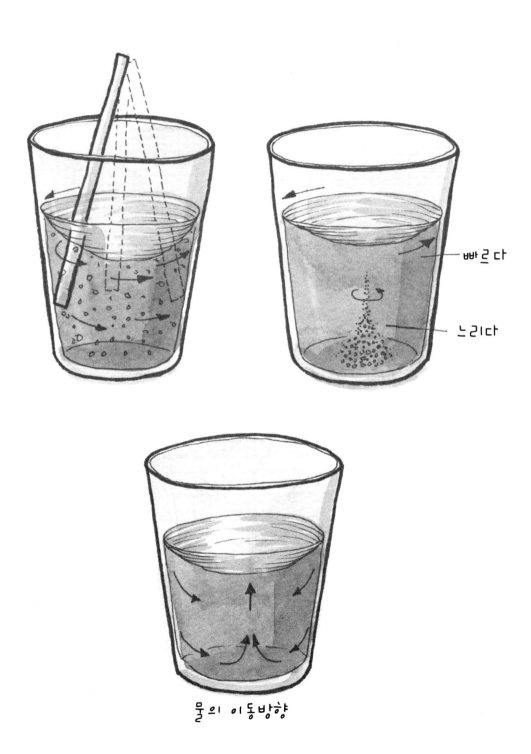

빠르다

느리다

물의 이동방향

실험55 컵 가장자리로 모래가 모이게 하는 방법

┌─ 준비물 ─
- 투명한 물 컵   - 끈 약 1미터
- 모래 조금

실험 목적

실험54에서는 컵 안의 모래가 중앙에 쌓였지만, 모래 알맹이들이 컵의 가장자리로 가게 하는 방법은 없을까?

실험 방법

1. 그림과 같이 끈으로 컵을 매달도록 준비한다. 컵 둘레를 감싸는 끈이 단단하도록 준비한다.
2. 컵에 물을 3분의 2 정도 담고 모래를 조금 넣은 후, 끈에 연결하여 허공에 매단다.
3. 끈을 한쪽 방향으로 30여회 감는다.
4. 감긴 끈을 놓으면 물 컵을 매단 끈은 감긴 탄성에 의해 반대방향으로 회전한다.
5. 끈의 회전이 멈추었을 때, 컵 안의 모래는 어떤 위치에 모여 있는가?

실험 결과

컵 안의 모래는 실험54와는 달리 바닥의 가장자리에 흩어져 있다.

연구

끈에 매달려 돌아가는 컵 안의 물은 모래와 함께 같은 속도로 동시에 회전한다. 그러므로 컵 안의 물은 회전하는 동안 이동이 없고, 바닥에 가라앉은 모래는 원운동을 하는 동안 원심력에 의해 가장자리로 이동하게 된다.

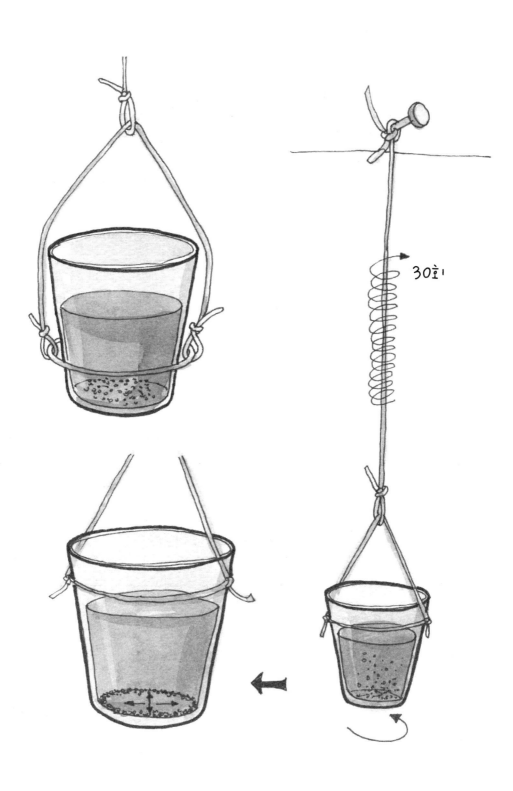

30회

실험56 동시에 떨어뜨린 동전과 종이, 어느 것이 먼저 낙하하나?

┌─ 준비물 ─
– 100원 동전 1개
– 동전 크기의 작은 종이조각과 가위

실험 목적

돌과 깃털을 함께 떨어뜨리면, 돌이 먼저 낙하하고 가벼운 깃털은 천천히 떨어질까, 아니면 동시에 낙하할까?

실험 방법

1. 100원 동전 크기보다 약간 작은 종이조각을 가위로 오래낸다.
2. 100원 동전은 왼손에, 종이조각은 오른손에 들고 서서 마루를 향해 동시에 떨어뜨려보자.
3. 동전과 종이는 동시에 마루에 떨어지는가?
4. 동전 뒤에 종이를 포개 얹은 상태로 떨어드려 보자. 이번에도 동전과 종이가 각기 다른 시간에 떨어지는가?

실험 결과

동전과 종이조각을 양손에 각각 들고 놓으면, 동전은 바닥을 향해 직선으로 떨어지고, 종이조각은 훨훨 맴돌며 천천히 다른 위치에 낙하한다. 그러나 동전 뒤에 종이조각을 포개어 떨어뜨리면 동전과 종이는 마치 서로 붙은 듯이 함께 동시에 낙하한다.

연구

종이조각이 천천히 떨어지는 것은 가볍기 때문에 낙하 도중에 공기의 저항을 받은 탓이다. 그러나 동전 뒤에 포개어 떨어뜨리면 동전이 낙하하는 뒤쪽의 공기가 적기 (기압이 낮아져) 때문에 그 공간을 따라 종이조각은 동시에 떨어져 내려오게 된다. 만일 동전과 종이조각, 깃털 세 가지를 공기 분자가 전혀 없는 진공 속에서 떨어뜨린다면, 셋 모두 동시에 떨어진다. 그것은 공기의 저항이 없기 때문이다.

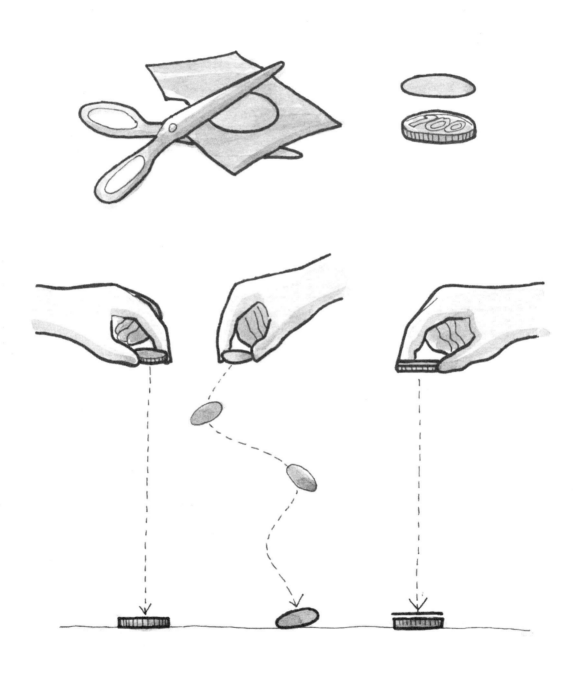

실험57 철사를 접었다 폈다 하면 왜 뜨거워지나?

┌─ 준비물 ─────────────────
- 맨손으로 구부릴 수 있을 정도의 굵은 철사 토막
- 대못과 망치
- 못을 박을 나무토막
└────────────────────────

실험 목적

나무 막대 두 개를 서로 문지르면 접촉면이 뜨거워진다. 마찰하면 왜 열이 발생하게 될까?

실험 방법

1. 철사 토막을 엄지와 검지로 꼭 잡는다. 이 철사를 다른 손으로 쑥 뽑아내보자. 철사를 잡고 있던 손이 뜨거워지는가?
2. 굵은 철사 토막을 양손으로 쥐고 한 지점을 중심으로 접었다 폈다 반복해보자. 그 자리가 뜨거워지는가?
3. 나무토막에 대못을 대고 망치로 박다가 못 머리를 만져보자. 뜨거운가?

실험 결과

손에 잡은 철사토막을 쑥 뽑아내거나, 철사의 같은 자리를 접었다 폈다 계속하면 뜨겁도록 열이 난다. 또한 망치로 못 머리를 때리면 그 자리도 온도가 높아진다.

연구

온도가 높아진 것은 분자의 운동이 그만큼 심하기 때문이다. 마찰하면 마찰 에너지가 분자의 운동 속도를 높여준다. 손바닥에 쥔 철사나 끈을 쑥 뽑아내면, 손바닥의 분자가 순간적으로 심하게 운동하게 되어 뜨겁게 되는 것이다. 철사를 접었다 폈다 하면, 그 자리의 분자가 서로 비벼대며 심한 운동을 하게 된다. 또한 망치로 못을 때리면 못 머리의 분자가 큰 충격을 받아 격심하게 움직이게 된다. 이와 같이 마찰에 의해 열이 나는 것을 '기계적 에너지가 열에너지로 바뀌었다'고 말한다.

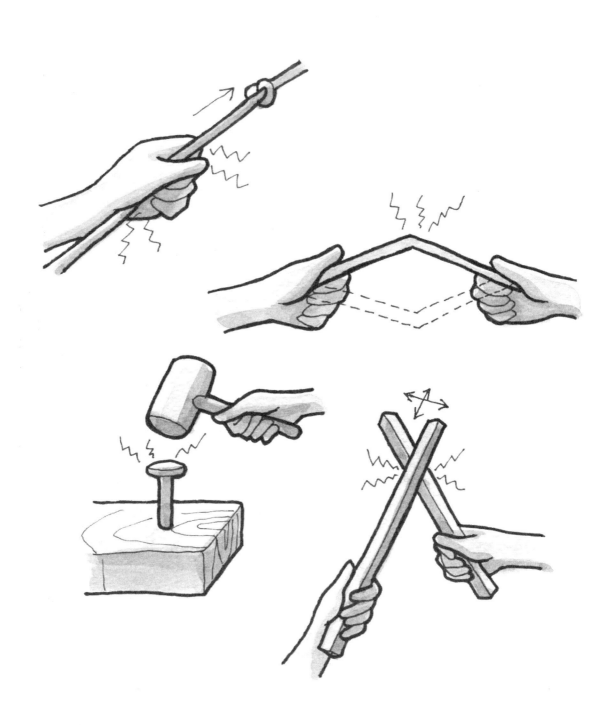

실험58 큰 건축물을 떠받치는 강력한 기둥 만들기

준비물
- 마분지나 두터운 도화지
- 자, 연필, 가위, 접착테이프
- 묵직한 책 몇 권

실험 목적

큰 다리를 받쳐주는 교각이나 거대한 건축물을 받쳐줄 기둥은 특별히 튼튼한 구조를 가지고 있다. 어떤 모양이 강력한지 조사해보자.

실험 방법

실험1

1. 그림1과 같이 마분지로 가로 10, 세로 20센티미터 되는 두 개의 삼각형 천막 형태를 만든다. 하나는 바닥이 없고, 하나는 바닥을 만든다. 바닥을 만들 때는 폭 2센티미터 정도의 날개를 만들어 풀이나 접착제로 붙이도록 한다.

2. 두 삼각형 천막을 손가락으로 눌러보자. 어느 천막이 튼튼한가?

실험2

1. 그림을 보면서 삼각형, 사각형, 원통형 기둥을 만든다. 각 기둥의 폭은 10센티미터로 하고 높이는 20센티미터가 되도록 만든다.

2. 이때도 접착되는 부분에 폭 2센티미터 정도의 날개를 만들어 접착테이프나 풀로 붙이도록 한다.

3. 3개의 기둥을 세우고, 기둥이 더 이상 못 견딜 때까지 책을 얹어보자. 어떤 구조가 가장 튼튼한가?

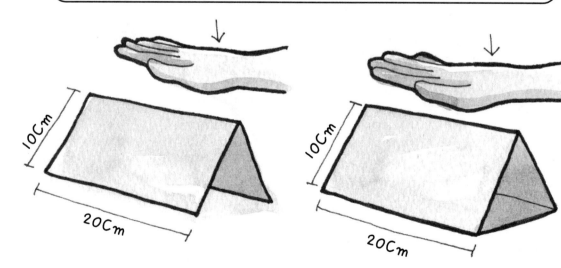

실험1 : 바닥이 있음으로 해서 삼각형은 압력에 견디는 힘이 훨씬 강해진다.
실험2 : 원통형 기둥이 가장 큰 힘을 발휘한다.

원통형 즉 원기둥이 무거운 것을 잘 떠받들 수 있는 것은, 머리에 받치고 있는 무게를 기둥에 골고루 나눌 수 있기 때문이다. 삼각기둥이나 사각기둥은 모서리 진 부분은 힘이 강하지만 모서리와 모서리 사이 부분의 힘이 약하여 고르게 떠받치지 못한다.

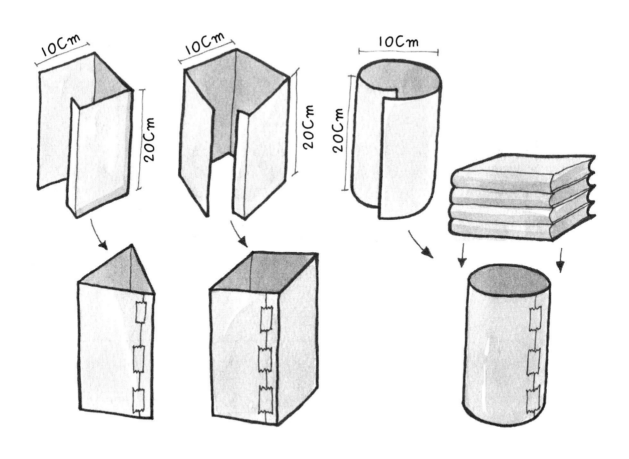

실험59 포장상자의 골판지는 얼마나 힘이 강한가?

┌─ 준비물 ──────────────┐
- 마분지   - 자와 연필
- 책 몇 권, 빈병 1개
└────────────────────┘

실험 목적

과일이나 상품을 포장하는 골판지(주름종이)를 보면 양면의 종이 사이에 주름진 종이가 들어 있다. 포장상자를 골판지로 만드는 이유를 실험으로 알아보자.

실험 방법

1. 두 권의 책을 떼어 놓고 그 위에 마분지 1장을 걸친 후, 그림처럼 그 위에 빈병을 올려놓아보자. 마분지는 병을 얹어둘 정도의 힘이 있는가?

2. 그림과 같이 마분지를 3센티미터 간격으로 선을 그린 다음, 주름처럼 접는다. 이것을 책 사이에 걸치고 그 위에 빈병을 올려보자. 잘 견디면 병 가득 물을 채워 얹어보자. 주름종이의 힘은 얼마나 강해졌는가?

실험 결과

같은 마분지 1매이지만, 주름을 만들지 않은 평판은 빈병을 얹어둘 힘이 없다. 그러나 골판지는 대단히 큰 힘을 발휘한다.

연구

주름종이의 구조를 이용하여 골판지도 만들지만, 건물이나 다리를 떠받치는 상판을 만들기도 한다.

* 주름의 폭을 1, 3, 5센티미터로 하여 힘의 세기를 비교해보자.

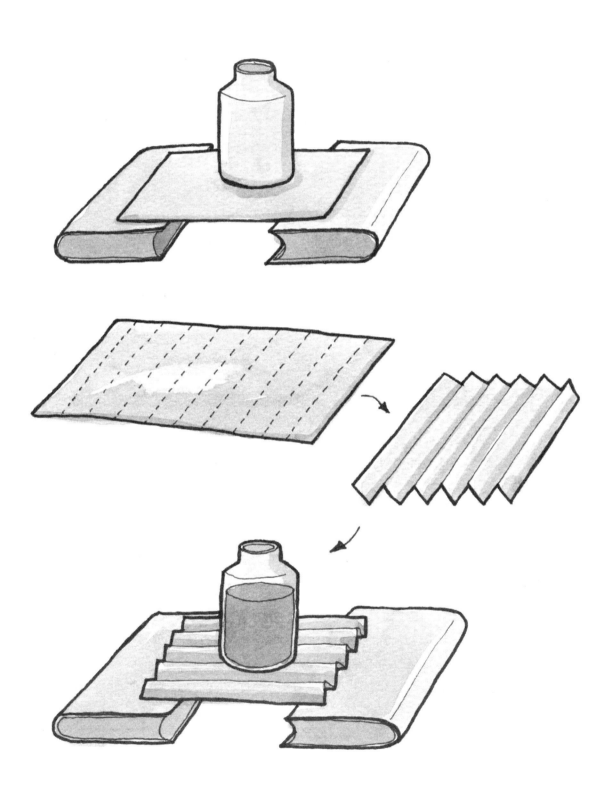

제4장

실험60   골판지로 만든 기둥 위에 올라서보자

┌─ 준비물 ─────────────────────────┐
- 골판지 상자 큰 것   - 풀
- 원통형의 큰 우유 캔   - 자, 연필, 가위나 칼
- 작은 판자
└──────────────────────────────────┘

실험 목적

무거운 과일이나 가전제품을 담은 포장상자의 골판지로 원기둥을 만들어 그 힘의 세기를 실험으로 확인해보자. 올라서면 자기 체중을 이길 수 있을까??

실험 방법

1. 집안 창고에서 골판지를 찾아내어, 지그재그 주름이 보이는 가로 길이를 40-50 센티미터, 세로 15-20센티미터 길이로 칼이나 가위를 사용하여 잘라낸다. 이때 가위질이 쉽지 않으므로 반드시 부모님에게 부탁하여 잘라낸다.

2. 잘라낸 골판지 조각을 둥근 우유 캔 둘레에 감아서 원기둥을 만든다. 서로 만나는 부분은 접착테이프로 단단히 붙인다.

3. 원기둥을 수평으로 놓고 그 위에 판자를 깐다. 판자 위에 책이나 물통 등 무거운 것을 얹어보자. 잘 견디면 자신이 그 위에 올라서 보자.

실험 결과

골판지는 물통의 무게를 견딜 정도로 강한 힘을 나타낸다.

연구

골판지 기둥은 여러분의 체중을 견딜지도 모른다.
* 여러 가지 크기로 골판지 기둥을 만들어 강도를 실험해보자.
* 실험58처럼 골판지로 삼각형, 사각형, 원통 기둥을 만들어 강도를 실험해보자.

나이프

40~50cm

15~20cm

판자

실험61 신문지 위를 누르는 엄청난 공기의 힘

준비물
- 신문지
- 30센티미터 대나무자
- 탁자와 막대기

실험 목적

공기가 누르는 힘은 의외로 크다. 신문지 크기의 면적을 누르는 공기의 힘이 얼마나 큰지 실험으로 확인해보자.

실험 방법

1. 탁자 가장자리 밖으로 대나무자가 5센티미터 정도 나오도록 놓는다.
2. 접은 신문지 1장으로 그림처럼 대나무자를 덮는다.
3. 신문지 밖으로 나온 대나무자를 손에 막대를 쥐고 순간적으로 '탁!' 쳐보자. 대나무자와 신문지가 움직이는가?

실험 결과

대나무자는 마치 못으로 고정해놓은 듯이 제자리에 머물러 있으며, 신문지도 거의 들썩이지 않는다.

연구

대나무자의 끝을 내려치면 그 힘은 신문지에 전달된다. 그러나 신문지 위는 공기가 누르고 있어 신문지는 쉽사리 움직이지 않는다. 신문지 1제곱센티미터의 표면을 누르는 공기의 무게는 약 1킬로그램이나 된다.

* 자를 덮은 신문지의 가로 세로 길이를 재어, 전체를 누르는 힘이 어느 정도인지 계산해보자.

* 대나무자를 손으로 탁 치지 않고 천천히 누르면 왜 자와 신문지가 쉽게 움직일까?

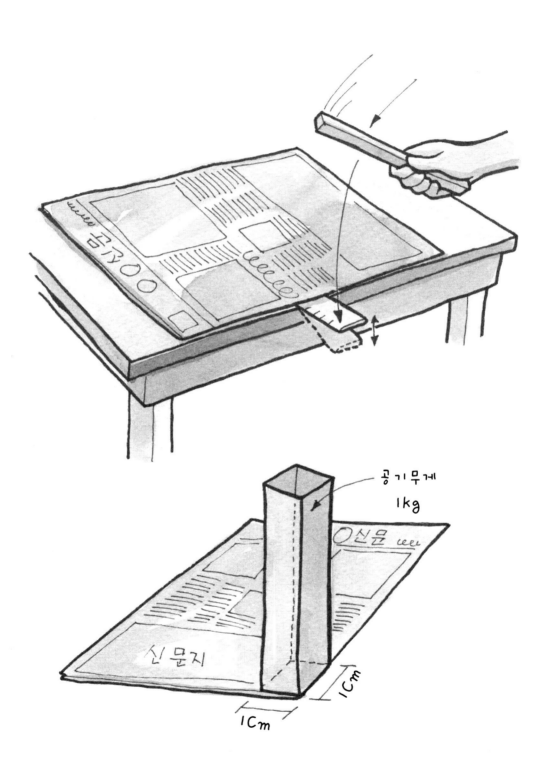

공기무게

1kg

1Cm

1Cm

신문지

실험62 계란껍데기의 강한 힘을 측정해보자

┌─ 준비물 ─
- 계란 프라이나 오믈렛을 만들고 남은 껍데기 4개
- 가위와 마스킹 테이프
- 벽돌 몇 개

실험 목적 잘 깨지는 것을 보면 사람들은 "계란껍데기 같다"고 말한다. 어떤 마술사는 계란 위를 걸어 다닌다. 실제로 계란껍데기는 약하기만 할까? 실험으로 그 힘을 확인해보자.

실험 방법
1. 알맹이를 꺼낸 계란껍데기 중에서 절반 이상 부분이 깨지지 않은 것 4개를 골라낸다.
2. 그림과 같이 계란의 중간 부분에 마스킹 테이프로 밴드를 한다.
3. 마스킹 테이프 밖으로 나온 계란 부분을 가위로 잘라내어 반원의 돔처럼 만든다.
4. 돔처럼 만든 4개의 계란 껍데기를 사방에 엎어놓고 그 위에 무거운 벽돌을 하나씩 얹어보자. 몇 개나 얹을 수 있을까?

실험 결과 벽돌을 조용하게 잘 놓으면 여러 개를 얹어도 계란껍데기는 깨어지지 않는다.

연구 계란 껍데기의 둥그런 형태는 외부의 힘에 저항하는 힘이 매우 커서 좀처럼 깨지지 않는다. 계란을 손바닥 중앙에 놓고 다섯 손가락에 고른 힘을 주어 눌러보면 아무리해도 깨어지지 않는다. 그러나 어느 한 손가락 끝에만 힘을 주거나, 뾰족한 곳에 부딪히거나 하면 계란은 쉽게 깨어지고 만다. 계란의 둥그런 돔 모양은 외부에서 누르는 힘을 전체에 고르게 분배하기 때문에 외력을 잘 견딜 수 있다.

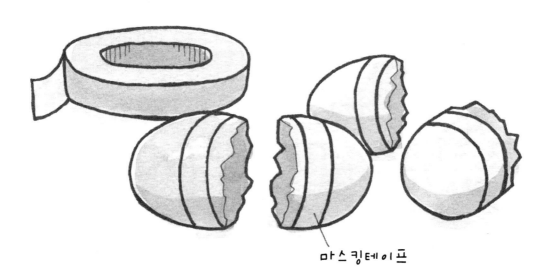

마스킹테이프

제4장

실험63 관성의 트릭-내려치면 어디가 끊어질까?

┌─ 준비물 ─────────────────────────┐
- 면실 약간 (나일론 실은 질겨서 손을 다칠
  염려가 있음)
- 망치
└──────────────────────────────────┘

실험 목적
아래 그림처럼 물 컵 밑에 받쳐둔 종이카드를 빠르게 쑥 빼면 컵은 그 자리에 있다. 이것은 관성 때문이다. 망치를 매달고 있는 실을 확 당겨 보면 예상외의 곳에서 끊어진다.

동전

실험 방법

┌──────────────────────────────┐
1. 그림처럼 망치의 손잡이에 실 고리를 단단히 만든다.
2. 실 고리 아래와 위에 각 30센티미터 정도의 실을 매단다.
3. 실 한쪽은 기둥에 매달고, 한 가닥은 아래로 드리운다.
4. 아래로 드리운 실 가닥을 손으로 잡고 확 당기면, 어느 부분이 끊어질까?
(* 주의 - 잘못하여 매달린 망치가 발등에 떨어지거나, 마루를 깨뜨리거나 하는 일이 없도록 안전한 장소에서 조심스럽게 실험한다.)
└──────────────────────────────┘

실험 결과
무거운 무게를 지탱하고 있는 망치와 기둥 사이의 실이 끊어질 것으로 생각되나, 실제로는 망치와 손 사이의 실이 끊어진다.

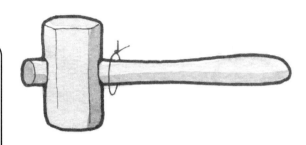

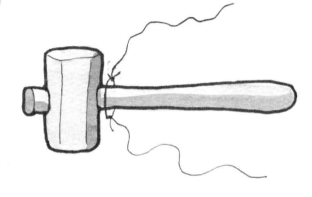

연구
망치는 정지해 있다. 실을 확 당겼을 때, 망치는 그 자리에 정지해 있으려 하는 관성이 있다. 그러므로 실은 관성을 이기지 못해 오히려 망치와 손 사이 부분에서 끊어진다.

앞 그림에서, 종이카드 위에 동전을 올려놓은 뒤 카드를 쑥 빼거나, 손가락으로 툭 튀겨 뒤로 보내면 동전은 컵 안에 떨어진다. 이것 역시 동전이 그 자리에 머물려하는 관성 때문이다.

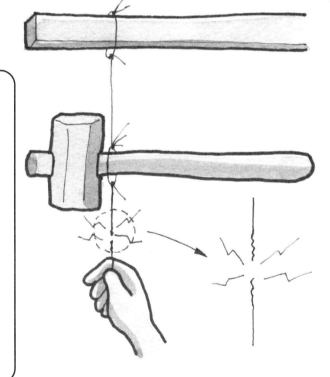

실험64 가느다란 실이 터지나 굵은 막대가 부러지나?

준비물
- 옷걸이
- 실 조금
- 나무막대
- 30센티미터 쇠자

실험 목적

가느다란 실에 매달린 나무막대를 쇠자로 쳤을 때, 실은 터지지 않고 나무막대만 부러지게 하는 마술을 부려보자.

실험 방법

1. 옷걸이 길이 정도의 막대기를 실을 이용하여 옷걸이 양쪽에 그림처럼 매단다.
2. 실을 막대기와 옷걸이에 맬 때, 그림과 같은 클로버 매듭을 해야 팽팽하고 잘 풀리지 않는다.
3. 막대가 매달린 옷걸이를 빨랫줄에 걸어두고, 쇠자로 막대의 중간을 빠르게 탁 친다.
4. 실이 터지는가, 막대 중간이 부러지는가?

실험 결과

연약한 실은 그대로 있고, 단단한 막대만 부러진다.

연구

마술사들이 가끔 보여주는 연기이다. 쇠자로 내려친 힘은 양쪽 실에는 전달되지 않고 나무막대에만 작용한다. 막대는 그 자리에 있으려 하는 관성이 있으므로, 순간적으로 큰 힘을 받은 막대 중간이 부러진다.

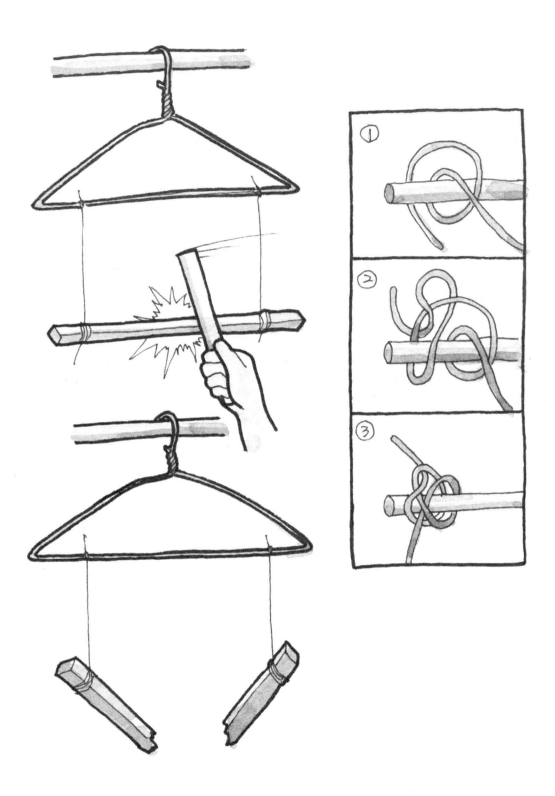

실험65

책상 끝에 걸쳐놓아도 떨어지지 않는 대나무자

준비물
- 망치, 대나무자
- 실 조금

실험 목적
물체는 무게중심이 어딘가에 따라 안전한 자세가 달라진다. 거리의 기우뚱한 건축물이나 큰 조각품도 무게중심은 안정되게 잡고 있다.

실험 방법
1. 그림과 같이 대나무자의 중간과 망치의 손잡이 사이를 실로 맨다.
2. 대나무 자를 한 손으로 들고, 망치가 균형을 이루도록 실의 매듭을 이동한다.
3. 이렇게 균형을 이룬 상태에서 망치의 쇠 해머를 책상 쪽으로 하여, 대나무자를 책상 끝에 얹어보자.
4. 대나무자 끝은 어디까지 걸어도 망치가 떨어지지 않나?

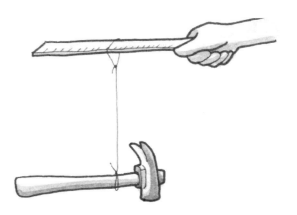

실험 결과 대나무자는 아슬아슬 할 정도로 끝 부분을 책상 가장자리에 걸고 안정을 취한다.

망치의 해머 부분이 무겁기 때문에 자와 망치의 무게중심은 해머 쪽 가까이 있다. 그러

연구 므로 대나무자는 끝 부분을 책상 가장자리에 걸어도 균형을 유지할 수 있다. 조각공원이나 전시장에서 보는 조각품 중에는 균형이 위태로워 보이는 것이 있다. 그러나 내부에 무게중심이 잡혀 있다.

* 삶은 감자 중앙에 젓가락을 끼우고, 감자의 한쪽에 포크를 그림처럼 꽂은 후 젓가락 끝을 식탁 가장자리에 걸어 균형을 잡아보자.

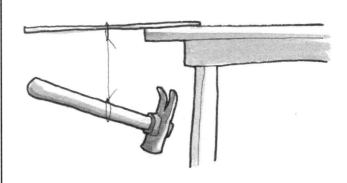

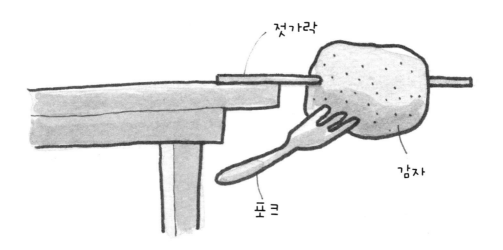

젓가락

감자

포크

실험66 물 컵에 손가락을 적시면 그 물은 무거워지나?

┌─ 준비물 ──────────────────────┐
│ - 물 컵 2개   - 볼펜   - 대나무자 │
└─────────────────────────────┘

실험 목적

물이 담긴 컵에 손가락을 넣으면 물 컵은 무거워질까? 실험으로 확인해 보자.

실험 방법

1. 2개의 물 컵에 물을 3분의 2 정도 채운다.
2. 탁자 위에 연필을 놓고, 연필 위에 대나무자를 시소처럼 놓는다.
3. 대나무자 좌우 끝에 물이 담긴 컵을 놓는다.
4. 물 컵을 움직여 대나무자 시소가 균형을 이루도록 한다.
5. 오른쪽 물 컵에 손가락을 찔러 넣어보자. 시소는 그대로 있는가, 아니면 어느 쪽으로 기우는가?

실험 결과

평형을 이루던 시소는 물속에 손가락을 찔러 넣자마자 균형을 잃고 내려간다. 손가락을 찌른 물 컵이 더 무거워진 것이다.

연구

손으로 컵에 아무런 힘을 주지 않았다. 그러나 물에 손가락을 넣으면, 컵 안의 수면이 높아지고, 물속에 찌른 손가락 부피만큼 물의 무게가 무거워진다.

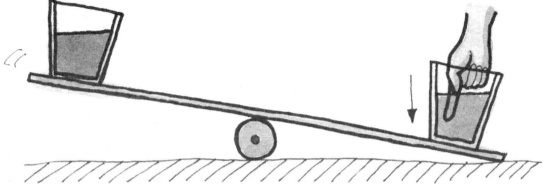

실험67 종이 카드 강아지의 무게 중심은 어디인가?

준비물
- 종이 카드
- 실 30센티미터 정도 , 못 1개, 핀(또는 압침) 1개
- 연필, 가위, 자

실험 목적

종이 카드로 여러 가지 동물 모형을 만들었을 때, 그 중심을 찾을 수 있으면, 중심점을 연필 끝 위에 놓고 팽이처럼 안정되게 잘 돌릴 수 있다.

실험 방법

1. 종이 카드 위에 강아지나 다람쥐 등의 좋아하는 동물을 그리고, 외곽선을 따라 가위로 잘라낸다. 이때 너무 정밀하게 자르지 않아도 된다.
2. 못에 실을 매달아 간단한 추를 만든다.
3. 종이 강아지 위의 3곳에 1,2,3 점을 정한다.
4. 수직 벽에 1의 지점을 핀(또는 압침)으로 꽂고, 거기에 종이 강아지와 실 추를 걸어 자연스럽게 매달리게 한다.
5. 추가 늘어뜨려진 선을 따라 강아지 위에 자를 대고 연필로 표시를 한다.
6. 2와 3의 점에서도 같은 방법으로 추를 내려 자와 연필로 표시한다.
7. 3개의 연필선이 서로 만나는 곳이 무게중심이다. 무게중심 부분을 연필 끝에 올려놓고 돌려보자. 어떻게 돌아가는가?

실험 결과

무게중심이 아닌 위치에서는 종이 강아지를 연필 끝에 올려둘 수조차 없다. 그러나 중심점 위에서는 팽이처럼 돌려볼 수도 있다.

연구

원이나 정사각형과 달리, 형태가 일정하지 않은 그림 카드의 무게 중심을 정확하게 찾기란 간단치 않아 보인다. 그러나 이 같은 실험 방법을 이용하면, 종이 카드의 모양이 어떠하든지 관계없이 무게중심을 찾을 수 있다.

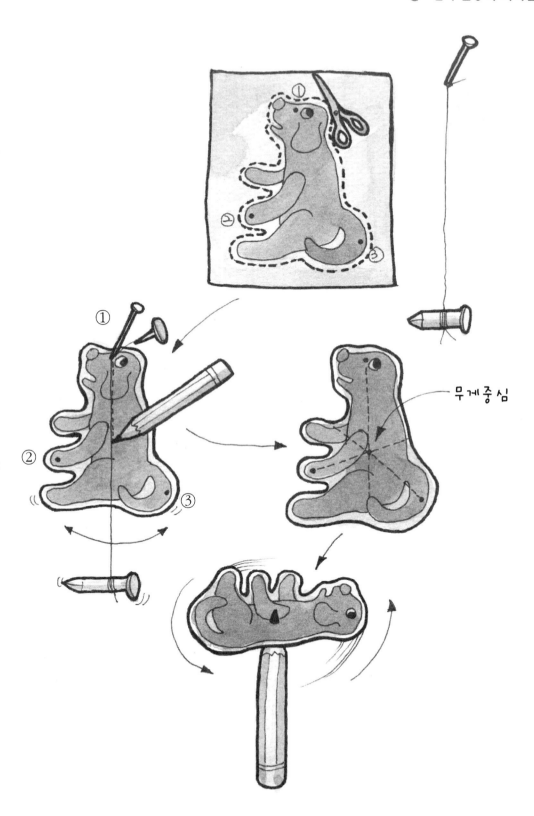

무게중심

제4장

실험68 마찰은 왜 바퀴가 구르는 운동을 방해하나?

┌─ 준비물 ──────────────────
- 같은 크기의 음료수병 2개
- 슬로프(길고 널따란 판자)

실험 목적

토끼와 거북이의 경주에서는 천천히 일정하게 달리는 쪽이 승리한다. 물을 채운 병과 빈병을 나란히 굴리면 빈병이 더 멀리 구른다(제1권 실험 44 참고). 물이 든 병이 더 구르지 못하는 원인은 무엇일까?

실험 방법

1. 페트병 2개 중 하나에만 물을 반병 정도 넣고 마개를 단단히 한다.
2. 마루가 긴 한쪽 벽에 교과서 2권 정도의 높이로 슬로프를 그림처럼 만든다.
3. 꼭대기에 두 병을 나란히 놓고 동시에 놓는다.
4. 어느 병의 출발이 빠른가, 그리고 더 멀리 굴러가는가?

실험 결과

출발은 물이 든 병이 빠르지만, 더 멀리 굴러가는 것은 빈병이다.

연구

물이 담긴 병은 무거운 무게로 인해 슬로프에서 출발은 빠르다. 그러나 병 안의 물은 구르면서 계속하여 병 안의 벽과 마찰을 일으키므로 구르는 운동을 방해한다. 구르는 자동차 바퀴에 마찰을 주면 감속하게 되는 것과 같은 이치이다. 자동차 브레이크는 강력한 마찰장치이다.

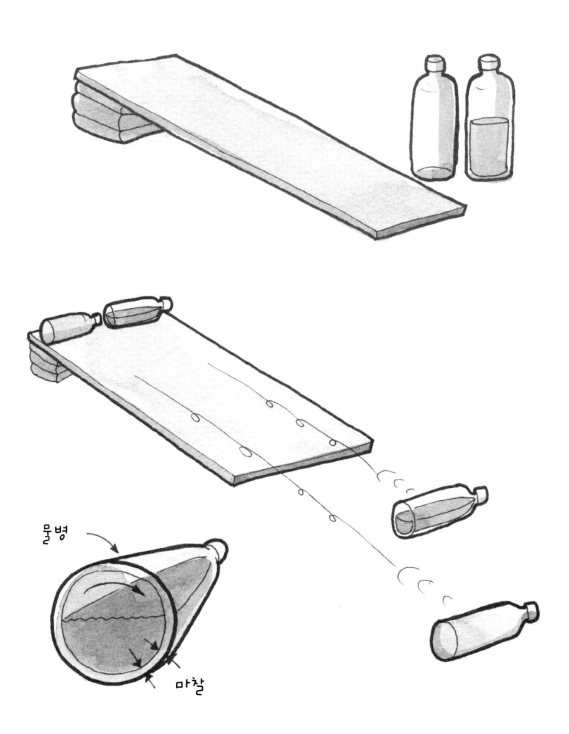

물병

마찰

실험69 자동차 바퀴는 균형(휠 밸런스)이 맞아야 잘 구른다

┌─ 준비물 ─
- 실험68과 같은 슬로프
- 노트지 1장
- 접착테이프, 페이퍼 클립, 가위

실험 목적 회전하는 바퀴나 축은 전체적으로 균형이 잘 맞아야 효과적으로 회전한다. 그것을 증명해보자.

실험 방법
1. 노트 1장을 길이로 길게 중앙을 따라 가위로 자른다.
2. 두 개의 종이를 각각 둥그렇게 감아, 서로 만나는 부분을 접착테이프로 붙인다. 이때 두 원통의 직경이 같도록 한다.
3. 두 원통 중 하나의 원통 안쪽 중앙에 접착테이프로 종이 클립 하나를 그림처럼 붙인다.
4. 두 원통을 나란히 동시에 굴러 내려보자. 또 각각 단독으로 슬로프(경사판) 아래로 굴려보자.
5. 어느 쪽이 더 멀리 구르는가? 구르는 모양과 속도는 어느 쪽이 일정한가?

실험 결과 종이클립을 붙이지 않은 것이 멀리까지 구른다. 그리고 종이클립을 단 것은 구르는 모양과 속도가 일정하지 못하다. 원통 안에서 클립이 위에서 아래쪽을 향할 때는 빨라지고, 클립이 위로 오르는 동안은 느려지는 현상이 일어나, 약간 흔들거리며 구른다.

영 구 실험67과 비슷하지만, 이 실험의 경우 구르는 거리가 짧은 것은 마찰 때문이 아니라, 구르는 원통의 무게가 균형을 이루지 못한 탓이다. 그러므로 자동차나 트럭의 바퀴는 전체적으로 무게 균형을 이루어야 털털거리지 않고 잘 구른다. 바퀴의 균형을 영어로 휠 밸런스(wheel balance)라고 하는데, 휠 밸런스가 좋으면 승차감도 좋고 연료 소모가 적다.

마찰면

실험70 손을 후- 불면 차고, 하- 불면 왜 따뜻한가?

┌─ 준비물 ─────────────────────────────┐
│ - 자기의 손   │
└─────────────────────────────────────┘

실험 목적
바람의 세기에 따라 우리는 추위를 아주 다르게 느낀다. 그 이유를 생각해보자.

실험 방법
1. 손바닥을 펴고 입술을 동그랗게 좁힌 상태로 후- 하고 세게 분다.
2. 같은 방법으로 입술을 크게 열고 하- 하고 입김을 분다.
3. 두 경우, 손은 다르게 온도를 느끼는가? 이유는 무엇일까?

실험 결과
후! 하고 강한 바람을 불면 손은 시원한 느낌을 받는다. 그러나 하! 하고 불 때는 따뜻하게 느낀다.

연구
입으로 부는 바람 속에는 체온이 포함되어 있어 하- 하고 부드럽게 불면 손바닥이 따뜻하게 느끼지만, 후-하고 세게 불면 차게 느껴진다. 여기에는 두 가지 이유가 있다.

첫째는, 압축된 공기가 팽창할 때는 주변의 열을 뺏어가는 성질이 있다. 즉 입으로 부는 강한 바람은 일종의 압축공기이고. 이 공기가 입 밖을 나오면 팽창한다. 이러한 기체의 성질은 냉장고를 얼리는 원리이기도 하다.

두 번째 이유는, 강한 바람이 지나가면 주변의 다른 시원한 바람을 끌어들이는 성질이 있다. 이것은 강한 바람이 지나는 주변은 기압이 낮아지기 때문이다 (베르누이의 원리).

실험71 아르키메데스의 원리로 공의 부피를 재어보자

준비물
- 작은 물통과 물   - 고무공 (또는 나무토막)
- 저울   - 연필과 노트

실험 목적

그리스의 과학자 아르키메데스는 2000년 전에 '아르키메데스의 원리를 발견했다. 목욕통 속에서 뛰어나와 '유레카!' (발견했다!)라고 외친 그의 이야기는 과학의 역사에서 너무나 유명하다. 그의 원리를 이용하여 공의 부피를 측정해보자. 또한 울퉁불퉁한 돌의 부피도 재어보고, 물속에 놓인 그 돌의 무게도 계산해보자.

실험 방법

1. 빈 물통을 저울에 얹어 그 무게를 재어 기록한다.
2. 물통 안에 고무공(또는 나무토막)을 넣고 함께 무게를 잰다. (2의 무게에서 1의 무게를 빼면 공의 무게가 될 것이다.)
3. 물통에 물을 절반쯤 담고 저울에 얹어 무게를 재고, 물의 무게를 계산한다.
4. 그 물 위에 고무공을 놓고 무게를 측정하면, 공의 무게를 알 수 있다.
5. 물에 떠있는 공을 손가락 끝으로 꾹 눌러 수면 아래로 내리면 저울의 눈금은 어떻게 될까? 저울 바늘이 올라간다면 얼마나 무게가 늘까?

실험 결과

저울의 눈금은 쑥 올라간다. 이때 늘어난 무게는 공의 부피와 같은 양의 물 무게 만큼이다.

연 구

주전자 주둥이로 넘쳐 나오도록 가득 물을 채운 뒤, 돌을 집어넣으면 돌 부피만큼 물이 밀려나올 것이다. 이 물을 컵으로 받아 부피를 재면 돌의 부피가 된다(아래 그림). 물속의 돌은 쏟아져 나온 물의 무게만큼 가벼워진다. 물속의 돌을 들어보았을 때 가볍게 느껴지는 것은 돌 부피의 물 무게만큼 부력을 얻기 때문이다.

* 쇠는 물보다 8배나 무겁지만, 배 전체 공간이 큰 부력을 얻어 물 위에 뜰 수 있다.

제5장
전기와 자기,
마술같은 트릭

실험72 접시 물 안에 만드는 간단한 나침반

┌─ **준비물** ─────────────
- 영구자석   - 바늘 1개
- 얇은 스티로폼 (코르크나 물에 뜨는 플라스틱 조각도 사용 가능)
- 물을 담은 접시

실험 목적

우리 집의 대문은 어느 방향을 향하고 있을까? 내 공부방 창문은 어느 쪽으로 열려 있을까? 간단한 나침판을 만들어 확인해보자.

실험 방법

1. 작은 접시에 물을 담고, 물 위에 준비한 스티로폼을 띄운다.
2. 바늘을 바닥에 놓고 영구자석의 어느 한쪽 극을 바늘에 대고 문지른다. 이때 자석을 왕복하기보다 한 방향으로만 10회 정도 문지른다. 바늘은 자성을 가져 자석이 된다.
3. 자성을 가진 바늘을 스티로폼 위에 가만히 얹는다.
4. 바늘을 실은 스티로폼은 어떻게 움직이는가?

실험 결과

바늘을 올려놓자마자, 스티로폼은 바늘의 양 끝이 남북을 가리키는 방향에서 멈춘다. 이때 스티로폼을 강제로 움직여보면 금방 다시 남북을 가리키는 자세로 선다.

연구

바늘은 자석이 되었기 때문에 지구라는 큰 자석의 자장에 따라 남북을 향하는 나침반이 된다. 물 위에 가볍게 뜬 스티로폼은 바늘의 힘에 따라 물 위에서 바늘과 함께 움직이는 것이다. 이 바늘을 실에 매달아 공중에 띄워도 남북을 향한다.

어린이 과학실험 162 115가지

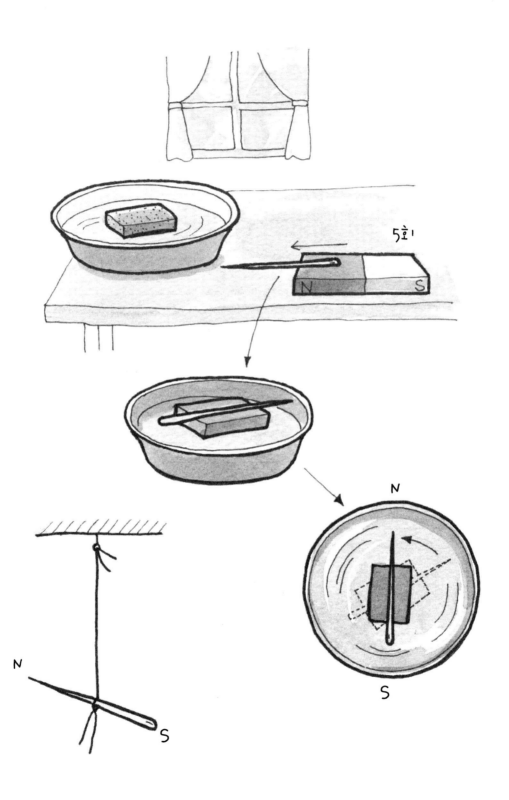

5회

실험73 바늘 나침반이 북으로 기울어지는 이유?

┌─ 준비물 ─
- 영구자석 (학교 주변 문방구나 과학교재사에서 산다)
- 긴 바늘과 짧은 바늘
- 병마개 코르크(또는 스티로폼 조각)
- 주둥이에 긴 바늘이 가로 걸리는 크기의 유리병

실험 목적 자성을 가진 바늘은 남북 방향을 가리킨다. 그런데 바늘 나침반은 지면 과 수평방향으로 가리킬까? 실험으로 확인해보자.

실험 방법
1. 코르크 중앙에 긴 바늘을 관통시키고, 그와 직각되게 작은 바늘을 끼워 그림처럼 십자 모양이 되게 한다.
2. 유리병 주둥이 가장자리에 긴 바늘이 걸리도록 놓고, 작은 바늘은 주둥이 가장자리와 수평을 이루도록 길이를 조정하여 균형을 잡아준다.
3. 이 실험을 하는 장소의 남북 방향을 살펴보자.
4. 균형을 잡은 짧은 바늘의 귀를 영구자석의 N극에 대고 10여 차례 문지른 뒤, 짧은 바늘의 바늘귀가 남쪽을 향하도록 병 주둥이 위에 놓아보자.
5. 자석에 문지르기 전과 같이 수평을 이루는가, 아니면 바늘 끝이 아래로 향해 기우는가?

실험 결과 자석에 문지르기 전에는 유리병의 주둥이 위에서 수평을 잡았던 작은 바늘이, 자성을 가진 이후에는 수평으로 남북을 향하지 않고 아래로 기울어 지구의 안쪽을 향하게 된다.

연구 바늘자석이 수평을 잃고 기우는 것은 지구의 자력 방향이 지상과 수평이 아니기 때문이다. 바늘자석이 기울어지는 정도는 지구상의 위치에 따라 다르다. 적도 근처에서만 수평을 이루고, 북반구에서는 북쪽으로, 남반구에서는 남쪽으로, 남극이나 북극에서는 수직으로 서게 된다.

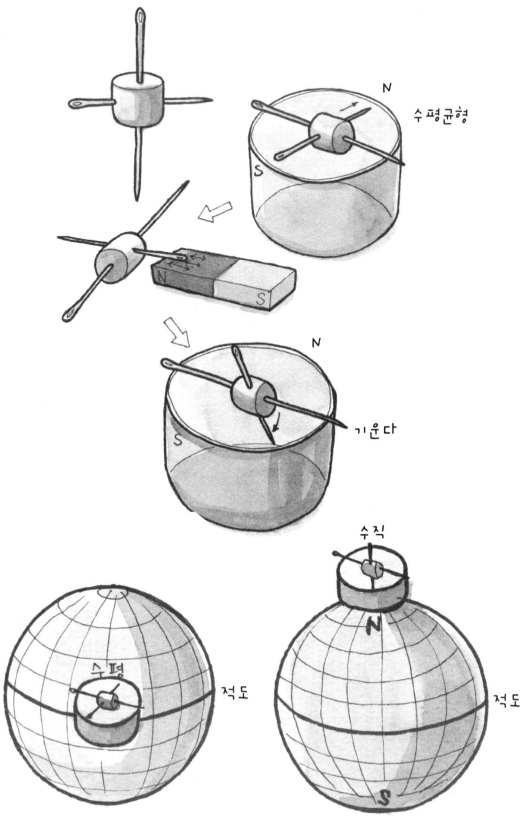

수평균형

N

S

N

S

기운다

수직

N

S

수평

적도

적도

실험74 비늘 나침반은 주변의 자력에 영향을 받는가?

준비물
- 바늘 2개, 실 약간, 영구자석
- 종이조각과 가위, 대나무자
- 두텁고 큰 책 2권

실험 목적 영구자석에 문지른 바늘로 남북 방향을 가리키는 나침반을 간단히 만들어, 주변의 자력이 바늘나침반에 미치는 영향을 조사해보자.

실험 방법

1. 폭 5밀리미터, 길이 6센티미터 정도의 종이조각 2개를 그림처럼 가위로 잘라내고, 이들의 가운데를 접어 V자 모양으로 만든다.
2. 1개의 바늘 귀 부분을 영구자석의 N극에 대고 10여 차례 비빈 뒤, V자 모양의 종이 끝에 그림처럼 끼운다.
3. 나머지 바늘도 같은 방법으로 영구자석에 문지르고 종이에 끼운 다음, 두 바늘이 20센티미터 이상 떨어진 위치에 각각 놓는다.
4. 각 바늘의 V자로 접힌 부분에 실을 매고, 끝을 20센티미터쯤 남긴다.
5. 몇 권의 책을 세우고 중앙에 대나무자를 걸친다.
6. 대나무자에 두 바늘을 나란히 매단다. 이때 두 바늘 사이가 15센티미터 이상 떨어지게 한다.
7. 두 바늘이 가리키는 방향이 같은가? 바늘귀는 어느 쪽을 향하는가?
8. 두 개의 바늘이 근접하도록 이동시켜보자. 바늘 나침반에 어떤 변화가 생기는가?

실험 결과 실에 매달린 두 바늘은 나란히 같은 방향 즉, N극에 문지른 바늘귀 부분이 북쪽을 향한다. 두 바늘 나침반을 접근시키면, 바늘은 남북방향을 가리키지 않고 반대 극끼리 서로 끌어당겨 붙어버린다 (오른쪽 그림)

연구 만일 이 실험에서 두 바늘이 가리키는 방향이 같지 않다면 실험 과정에 실수가 있으므로 다시 해보자. 바늘 나침반은 주변의 작은 자력에도 영향을 받아 변화를 일으킨다.

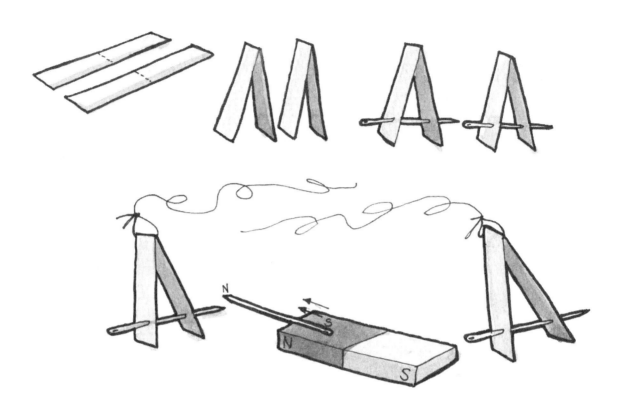

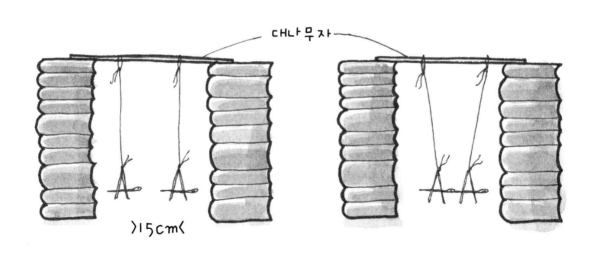

대나무자

>15cm<

실험75 가위의 양 날을 자석으로 만들면 어떤 성질이 되나?

준비물
- 가위　　　　- 영구자석　　　　- 바늘 몇 개

실험 목적

가위는 두 개의 날이 있다. 영구자석에 대고 문지르는 방법에 따라 양 날의 극이 다른 자석이 될 수 있을까, 아니면 같은 극이 될까?

실험 방법

실험1
1. 가위를 펼쳐 들고 한 날은 N극에, 다른 날은 S극에 대고 문지른다.
2. N극에 문지른 가위의 한쪽 날을 바늘귀 가까이 가져가보자. 바늘은 가위에 끌려온다.
3. 이번에는 같은 날을 바늘의 끝 쪽으로 가져가보자. 바늘은 어떻게 움직이는가?
4. 가위의 양 날은 극이 서로 다른가?

실험2
1. 가위의 두 날을 서로 붙인 상태로 영구자석의 N극에 문지른다.
2. 가위를 펼쳐 들고, 한 날을 바늘귀에 가져가보자. 바늘은 붙는가?
3. 가위의 다른 날을 바늘귀에 접근해보자. 붙는가?
4. 가위의 두 날 끝은 같은 극인가?

실험 결과

실험1 : 가위 날 앞에서 바늘 끝은 반발하는 반응을 보인다. 가위의 두 날은 서로 반대 극이 되어 있다.

실험2 : 가위의 날을 모아 문지르면 두 날은 같은 자극을 가진다.

연구

실험1에서 N극에 문지른 가위의 날 끝은 S극이 된다. 그러므로 S극에 붙는 바늘귀는 N극이 되고, 바늘 끝은 S극이 된다. 따라서 가위 날(S극)과 바늘 끝(S극)은 서로 밀치게 된다. 만일 가위 날을 붙여서 한 극에 문지르면, 가위의 두 끝은 같은 극이 된다.

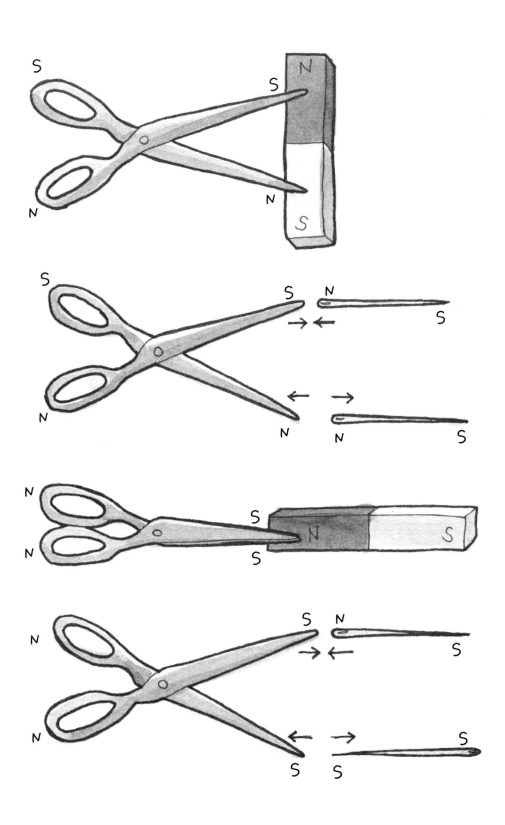

실험76 바늘을 영구자석에 문지르면 왜 자석이 되나?

┌─ 준비물 ─────────────
- 바늘과 종이 클립   - 영구자석
- 초나 성냥   - 펜치나 집게(plier)
└──────────────────────

실험 목적 못이나 바늘을 영구자석에 문지르면 그들도 자성을 가지게 된다. 자석이 된 바늘의 자력을 없애려면 어떻게 하면 될까?

실험 방법
1. 바늘 끝 부분을 영구자석의 한쪽 극에 대고 문지른다.
2. 이 바늘에 종이 클립을 가까이 해보자. 바늘은 클립을 끌어당기는가?
3. 이 바늘을 펜치로 집어 촛불 속에 30초 정도 두었다가 식은 뒤 다시 클립을 붙여보자. 바늘은 아직도 자력을 가지고 있는가?

실험 결과 바늘이나 못 등을 자석의 한 극에 문지르면 그 바늘도 자석으로 변하여 다른 바늘이나 종이 클립을 끌어당길 힘을 가지게 된다. 그러나 이 바늘을 촛불 속에서 뜨겁게 달구고 나면 자력을 잃어버린다.

연구 영구자석을 뜨겁게 열하면 자력을 잃는다. 이처럼 자력이 사라지게 되는 온도를 '큐리점'이라 한다. 이 현상은 1895년에 과학자 피에르 큐리가 처음으로 발견했다. 큐리점의 온도는 자석을 구성하고 있는 성분(합금)에 따라 다르다.

자성이 없던 바늘을 자석에 문지르면 자성을 갖게 되는 이유는 아직 확실히 모른다. 그러나 과학자들은 다음처럼 생각하고 있다.

"자석이 될 수 있는 금속은 아주 작은 자석으로 가득하다. 그러나 그 금속의 작은 자석들은 무질서하게 배열해 있으므로 N,S극이 구분되지 않는다. 이런 금속을 자석에 접근시키면, 자력의 영향을 받아 작은 자석들은 남북극으로 질서 있게 배열된다. 그 결과 금속은 자력을 지니게 된다. 반면에 이런 자석에 높은 열을 주면, 질서정연하던 작은 자석들은 다시 무질서하게 흩어져 자력을 잃고 만다."

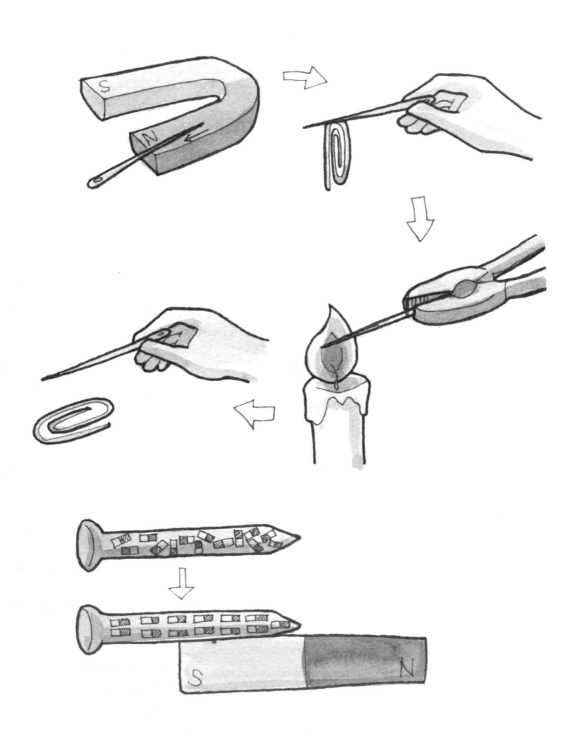

실험77 정전기는 유리를 통과할 수 있나?

준비물
- 빈 유리 커피병
- 스트로와 플라스틱 머리빗
- 가위와 실

실험 목적

플라스틱 빗을 털옷에 문지르면, 털옷의 전자가 빗으로 옮겨가 빗은 음전기를 띠게 된다. 이것이 정전기이다. 정전기는 유리를 통과할 수 있는지 실험해보자.

실험 방법

1. 유리병과 가벼운 스트로, 그리고 실을 이용하여 그림과 같이 설치한다.
2. 플라스틱 머리빗을 털옷이나 털목도리에 문지르다가 유리병 가까이 가져가보자. 공중에 매달린 스트로 조각이 빙 돌아 한쪽 끝을 빗 쪽으로 향하는가?
3. 스트로 조각은 왜 끝이 움직일까?
4. 유리병 앞에 얇은 종이를 대고 같은 실험을 해보자. 이 때도 스트로가 움직이는가?

실험 결과

병 안에 매달려 있던 스트로 조각은 정전기를 가진 빗 쪽으로 방향을 돌린다. 이때 언제나 끝 부분이 빗을 향한다.

연구

이 실험을 통해 정전기(전자)는 유리를 통과한다는 것을 알 수 있다. 그러나 종이로 유리를 가리면 스트로가 움직이지 않는다. 이것은 종이가 빗으로부터 오는 정전기를 모두 흡수해버린 때문이다.
유리병 안의 스트로 토막이 늘 끝 쪽을 빗으로 향하는 것은, 스트로의 끝 부분에 전자가 많이 모이기 때문이다. 이러한 현상은 자석에서도 볼 수 있다. 자석의 자력은 끝에서 제일 강하게 나타난다.

스 트 로

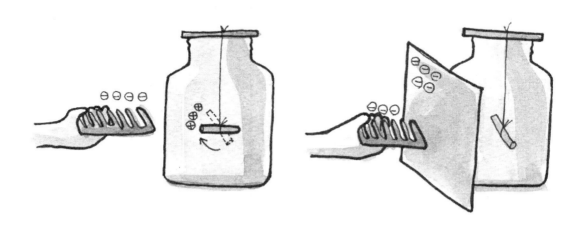

손대지 않고 탁구공을 빙빙 돌게 해보자

실험78

준비물
- 탁구공
- 플라스틱 머리빗
- 수도꼭지의 물

실험 목적

정전기의 힘으로 탁구공을 움직이게 할 수 있을까? 물도 정전기에 이끌릴까?

실험 방법

실험 1

1. 탁자 위에 탁구공을 놓는다.
2. 플라스틱 빗을 스웨터나 머리카락에 대고 여러 차례 문지르다가, 공에 닿지 않게 가까이 가져가보자. 탁구공이 끌려오는가?
3. 그림처럼 탁구공 위에서 빗을 빙그르 돌려보자. 따라서 도는가?

실험2

1. 수도꼭지를 틀어 물줄기가 가느다랗게 흐르도록 조절한다.
2. 머리빗을 물줄기 가까이 가져가보자. 물줄기가 끌려오는가?
3. 빗을 스웨터나 머리카락에 대고 여러 차례 문지른 후 물줄기 옆에 가져가보자. 물줄기는 어떤 변화를 보이나?

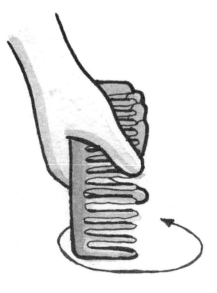

실험 결과

<실험1> 탁자 위의 탁구공은 머리빗의 정전기에 끌려 빙빙 돌아간다.
<실험2> 정전기를 띠지 않은 빗은 물줄기의 흐름에 아무런 영향을 주지 않는다. 그러나 물줄기도 정전기를 띤 빗 쪽으로 끌려 흐르는 방향이 달라진다.

연구

정전기를 띤 빗을 직접 탁구공에 접촉해버리면 금방 정전기가 없어진다. 그러나 접촉하지 않는 거리에서 끌면 한동안 따라서 돈다. 물도 마찬가지로 정전기에 끌리며, 빗이 물에 젖으면 정전기도 사라진다.

제5장

실험79 서로 부끄러워하는 두 고무풍선

┌─ **준비물** ─────
- 고무풍선 2개
- 고무 밴드
- 모직 목도리나 털 스웨터
└──────────────

실험 목적

정전기도 같은 양전기 또는 음전기끼리는 서로 반발하고 다른 전기끼리는 끌어당긴다. 고무풍선을 이용하여 정전기의 성질을 확인해보자.

실험 방법

1. 고무풍선 2개를 비슷한 크기로 불어 입구를 고무 밴드로 막는다.
2. 한 풍선은 책상 위에 올려놓고, 나머지 풍선만 스웨터에 대고 비비다가 그것을 책상 위의 풍선에 강제로 잠간 접촉한다.
3. 두 풍선을 양 손에 들고 마루나 책상 위에서 접촉한 상태로 놓고 손을 치워보자. 두 풍선은 서로 붙는가 아니면 밀치는가?

실험 결과

두 풍선은 붙지 않고 서로 반발하는 현상을 볼 수 있다.

연구

고무풍선을 모직 스웨터나 목도리에 비비면 음전기(-)를 가지게 된다. 처음 책상에 놓은 풍선에는 정전기가 거의 없다. 그러나 스웨터에 비빈 음전기를 가진 풍선과 접촉하면, 순간에 같은 음전기를 가지게 된다. 이처럼 같은 음전기를 가진 풍선을 서로 붙여서 마루에 놓으면, 두 풍선은 부끄러운 듯이 서로 밀치게 된다. 이런 정전기 실험은 에어컨이 돌고 있는 건조한 방이나, 습도가 낮은 겨울에 해야 잘 확인할 수 있다.

* 어떤 방법으로 하면 두 풍선이 서로 붙게 할 수 있을까? (과학문화총서 제2권 실험69 참조)

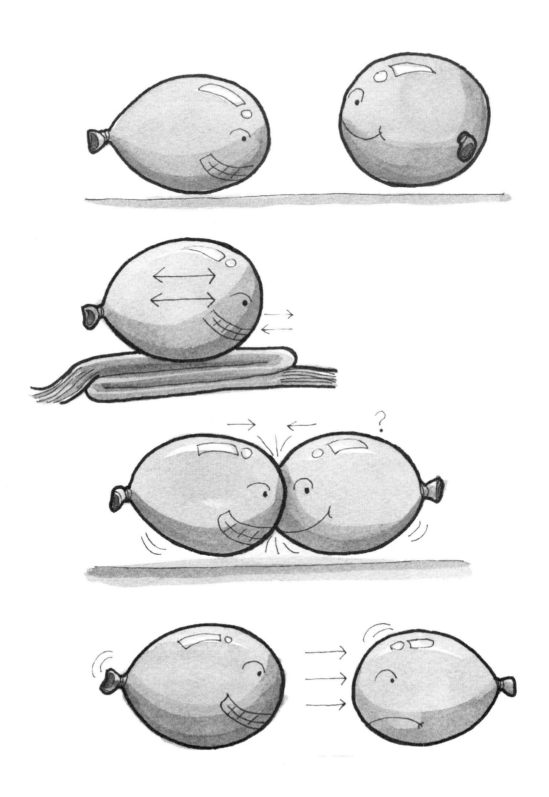

실험80 전기 테스터를 직접 만들어 사용해보자

준비물
- 손전등용 전구와 전구꽂이
- 집게가 달린 전선 3개
- 형광등의 스타트 전구, 퓨즈, 소형 모터 등
- 1.5볼트 건전지 2개와 건전지 홀더

* 문방구에서 판매하는 '전기회로 꾸미기' 세트 (5천원 정도)를 구입하면 이 실험을 포함하여 여러 가지 전기실험을 할 수 있다. 세트 속에는 선풍기를 만들 수 있는 소형 모터, 프로펠러, 치차 등의 부속도 들어 있다.

실험 목적 퓨즈가 끊어졌는지, 전구의 필라멘트가 떨어졌는지, 전기기구의 회로가 잘 연결되어 있는지 등을 검사하는 장비가 전기 테스터이다. 직접 만들어 사용해보자.

실험 방법
1. 그림과 같이 건전지 홀더에 1.5볼트 건전지 2개를 + - + - 순서로 끼운다.
2. 건전지 위에 꼬마전구 홀더를 얹고 고무 밴드로 고정한 다음, 전구를 끼운다.
3. 건전지의 양극(+)과 전구 홀더의 한 전극 사이를 전선으로 연결하고, 한쪽 선은 빼낸다.
4. 전구 홀더의 다른 전극에 전선 집게를 물린다.
5. 건전지의 음극(-) 부분에 전선 집게를 연결하고, 한쪽 선을 빼낸다.
6. 위의 3번과 5번 작업 후에 빼낸 두 집게를 이어보자. 꼬마전구에 불이 들어오는가? 불이 켜지면 테스터를 성공적으로 만든 것이다.
7. 빼낸 두 집게로 불이 들어오지 않는 전구나, 퓨즈, 모터 등의 전극에 각각 이어 꼬마전구에 불이 켜지는지 확인해보자.

실험 결과 테스터의 두 전극을 검사할 전구의 양쪽 전극에 접촉했을 때, 꼬마전구에 불이 들어오지 않으면 필라멘트가 터지든가 고장이 있는 것이다. 그러나 이상이 없으면 전류가 흘러 전구가 반짝 빛난다.

퓨즈를 검사했을 때 전구가 켜지지 않는다면, 내부의 퓨즈 선이 끊어진 것으로 판단할 수 있다. 퓨즈는 납과 주석으로 만든 합금이며, 온도가 높으면 쉽게 녹아 끊어진다.

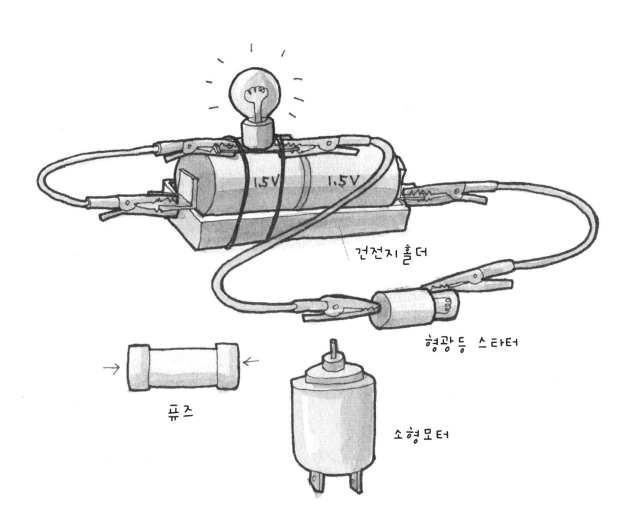

건전지 홀더

형광등 스타터

퓨즈

소형모터

제5장

윙윙 노래하는 단추 팽이 만들기

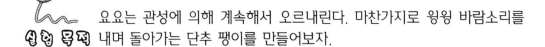

┌─ 준비물 ─────────────────────┐
- 직경이 큰 단추 (구멍이 있는 오버코드 단추)
- 질긴 나일론 실 약 60센티미터
└──────────────────────────┘

실험 목적

요요는 관성에 의해 계속해서 오르내린다. 마찬가지로 윙윙 바람소리를 내며 돌아가는 단추 팽이를 만들어보자.

실험 방법

1. 구멍에 그림과 같이 실을 끼우고 두 끝을 한데 묶는다.
2. 단추가 중앙에 오도록 하고 두 손의 엄지 사이에 좌우로 실을 건다.
3. 단추가 앞 또는 뒤로 10여 바퀴 감기도록 단추를 회전시키면, 단추 좌우의 실이 꼬인다.
4. 이 상태에서 두 엄지를 좌우로 가만히 당겨보자. 단추가 돌아갈 것이다.
5. 꼬인 실이 거의 풀린 때에 엄지의 힘을 살짝 빼면 단추는 계속 같은 방향으로 돌아 실은 처음과 반대 방향으로 꼬인다.
6. 단추의 회전이 멈추려 하기 직전에 엄지를 좌우로 다시 당긴다. 이 같은 동작을 반복해보자. 회전하는 단추 팽이에서 어떤 소리가 나는가?

실험 결과

단추 팽이는 꼬인 실의 힘에 의해 감기고 풀리기를 반복하면서 맹렬하게 돌아간다. 이때 실과 단추의 진동에 의해 윙윙- 바람소리가 난다.

연 구

단추 팽이가 앞뒤로 도는 것은 요요의 운동원리와 같다. 회전하는 물체는 관성에 의해 계속 회전하려 하므로(이를 관성이라 함), 돌아가는 단추는 실의 꼬임이 다 풀리더라도 운동을 계속하여 실이 반대 방향으로 꼬이도록 만든다.

* 〈과학문화 총서〉 제2권의 실험7 '요요처럼 연속 회전하는 헬리콥터 프로펠러'도 관성을 이용한 연속운동 실험의 하나이다.)

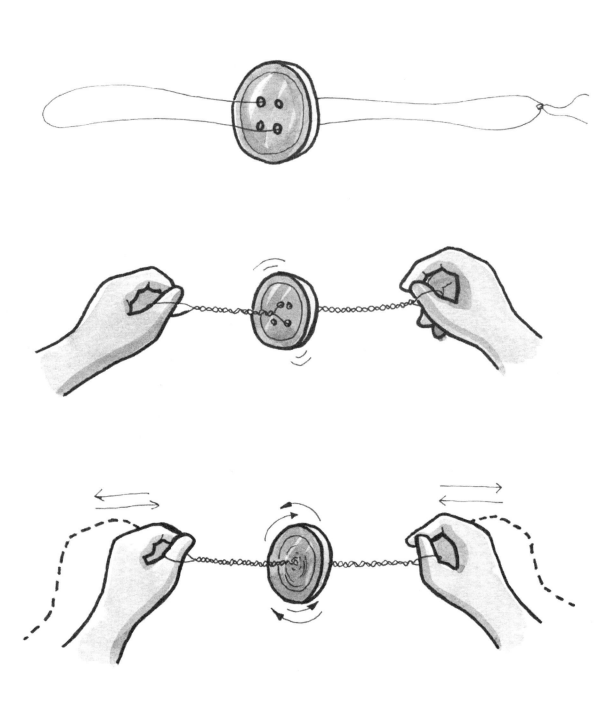

실험82 신비한 무한 고리 '뫼비우스의 띠'

┌─ 준비물 ─────────────────────
│ – 가로 25, 세로 3센티미터 종이
│ – 자, 연필, 가위
└────────────────────────────

실험 목적

방앗간의 기계들을 움직이는 벨트를 보면 모두 한 바퀴 꼰 상태로 걸려 돌아가고 있다. 면이 하나뿐인 '뫼비우스의 띠'(Moebius strip)를 만들어 신비를 알아보자.

실험 방법

1. 도화지로 가로 25센티미터, 세로 3센티미터 되는 긴 직사각형을 잘라낸다.
2. 긴 종이 밴드의 양쪽 끝을 맞대어 접착테이프로 붙인다. 이때 그림처럼 한쪽 끝을 한바퀴 뒤틀어 붙이면 뫼비우스의 띠가 된다.
3. 띠의 중간을 따라 연필로 선을 그려가 보자.
4. 연필 선이 만나면, 띠의 양면 (실제로는 앞뒷면 구분이 없다) 모두 연필 선으로 이어진 것을 볼 수 있다.
5. 연필선을 따라 가위로 조심스럽게 중간을 잘라보자. 어떤 모양으로 나누어지는가?

실험 결과

뫼비우스의 띠는 앞뒤가 없이 끝없이 이어진다. 가위로 자르면 나누어지지 않고 2배로 긴 띠가 되어버린다.

연 구

뫼비우스의 띠를 한 번 더 자르면 더욱 가늘고 긴 띠가 된다. 만일 계속 중간을 자른다면 무한히 길고 가느다란 띠가 될 것이다. 그 띠는 매우 복잡하게 얽힌 모습이 된다.

방앗간의 기계들을 돌려주는 벨트는 모터의 힘을 다른 회전축으로 전달하는 역할을 한다. 이러한 벨트를 뫼비우스의 띠로 만들면, 띠가 미끄러져 빠져 나오지도 않으며, 벨트의 한쪽 면만 닳아 버리는 일도 없다.

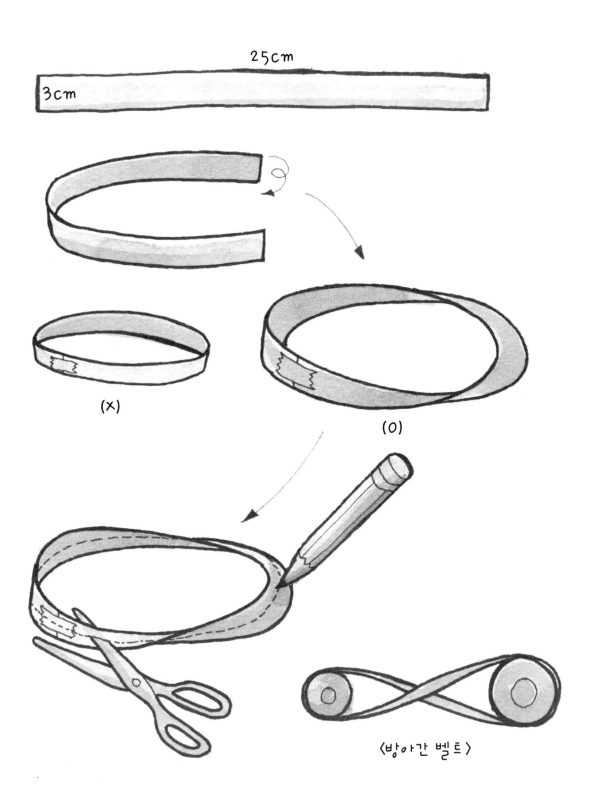

25cm

3cm

(X)

(O)

〈방아간 벨트〉

실험83 물에 뜨는 계란, 가라앉는 계란의 트릭

┌─ 준비물 ─────────────────────────┐
- 계란 2개   - 빈 그릇과 젓가락
- 유리컵 2개와 소금 1종지
└──────────────────────────────────┘

진한 소금물에 계란을 넣으면 뜨게 된다. 2개의 유리컵에 계란을 넣었을 때, 한 컵의 계란은 뜨고 다른 컵의 계란은 가라앉는다. 그러나 얼마 후 떠 있던 것은 내려가고, 가라앉았던 것은 떠오르게 해보자.

1. 물을 담은 그릇에 계란을 넣고, 소금을 조금씩 계속 넣으면서 휘저으면 어느 순간부터 계란은 물에 뜬다.
2. A와 B, 2개의 컵에 각각 반 정도의 물을 붓는다. 이때 A컵에는 맹물을, B컵에는 1에서 미리 준비한 소금물을 담는다.
3. 두 컵에 계란을 놓는다. A컵의 계란은 그대로 가라앉고, B컵의 계란은 떠 있을 것이다.
4. A컵에 3~4숟가락의 소금을 넣는다.
5. B컵에는 맹물을 아주 조용히 넘치지 않을 정도로 추가한다.
6. 얼마 후 두 컵의 계란을 살펴보자. 어떤 변화가 생겼는가?

A컵의 계란은 처음에는 가라앉아 있었지만 차츰 떠오르게 되고, 떠 있던 B컵의 계란은 점점 가라앉게 된다.

A컵의 물은 소금이 녹으면서 점점 진해져 차츰 계란을 떠오르게 한다. 반면에 B컵의 소금물은 맹물이 전체로 퍼짐에 따라 소금 농도가 낮아져 계란은 가라앉게 된다.

소금물

A

B

맹물

소금물

소금

실험84

두 친구의 합친 힘 보다 내 힘이 더 강하다!

준비물
- 대걸레 자루 (또는 긴 막대) 2개
- 줄넘기 끈
- 친구 둘

실험 목적

도르래는 적은 힘으로 무거운 물체를 끌거나 들어올릴 때 쓰는 편리한 장치이다. 막대에 감은 줄도 도르래 역할을 한다.

실험 방법

1. 긴 나무 자루가 있는 대걸레 2개에 줄넘기 끈을 그림과 같이 맨다. 이 때 한쪽 자루에는 줄의 한 쪽 끝을 맨다.
2. 두 친구가 양손으로 막대를 잡고 서로 당기도록 한다.
3. 만일 독자가 줄의 한쪽 끝을 잡고 있다면, 두 친구의 힘에 못 이겨 끌려갈까?

실험 결과

줄의 한쪽 끝을 단단히 잡고 있다면, 두 사람은 아무리 힘껏 당겨도 독자를 이기지 못한다. 만일 독자가 줄을 강하게 당긴다면 오히려 두 친구 사이의 거리가 좁아들 것이다.

연구

나무 자루에 건 줄은 도르래 역할을 한다. 그림처럼 줄을 걸기만 해도 두 사람의 힘은 한 사람을 이기지 못한다. 이러한 원리는 운동화를 조이는 끈의 구조에서 볼 수 있다. 또한 선박에서는 배와 배끼리 연결할 때라든가, 큰 여객선 등에서는 구조선을 매달 때 이런 방법으로 단단히 맨다.

실험85 손가락만으로 의자에 앉은 친구 들어 올리기

┌─── 준비물 ───────────────┐
- 친구 6명   - 걸상
└──────────────────────────┘

실험 목적

손가락 힘은 의외로 강하다. 우리는 힘을 동시에 잘 모으면 매우 큰 힘을 발휘할 수 있다. 의자에 앉은 한 사람을 5명의 친구들이 검지만으로 거든히 들어 올려보자.

실험 방법

1. 한 사람이 그림처럼 똑바른 자세로 의자에 앉는다. 두 손은 무릎에 얹고, 고개는 약간 숙이며 온몸과 목에 힘을 준다.
2. 5명의 친구는 그림처럼 두 손의 검지를 뻗고 다른 손가락은 서로 깍지를 하고 움켜잡는다.
3. 이렇게 모은 검지를 2사람은 좌우에서 무릎 사이로 밀어 넣고, 2사람은 등 뒤에서 겨드랑이 사이로 넣는다. 나머지 1사람은 턱 아래를 받친다.
4. 하나! 둘! 셋! 세며 동시에 들어 올려보자. 의자에 앉은 친구가 가볍게 들리는가?

실험 결과

의자의 친구는 의외로 가볍게 들린다.
(* 주의- 들어올린 친구는 다시 하나! 둘! 셋! 하고 동시에 내려놓아야 다치지 않는다.)

연구

손가락 중에서 검지는 힘이 강하다. 특히 양손의 검지를 모으면 더 큰 힘을 낼 수 있다. 만일 체중이 35킬로그램인 친구를 들었다면, 각 사람의 검지는 7킬로그램의 힘으로 친구를 든 것이다. 여러 사람이 효과적으로 힘을 모으면 큰 힘을 낼 수 있음을 증명하는 실험의 하나이기도 하다. 서로 교대로 들어보자.

실험86

엽서 안에 뚫은 구멍으로 자기 몸을 넣어보자

┌─ 준비물 ─────────────┐
- 엽서 크기의 카드 종이 1장
- 연필, 자, 가위
└──────────────────┘

실험 목적 엽서 크기의 카드 종이 한 장에 무한히 큰 구멍을 뚫어보자.

실험 방법
1. 카드의 중간을 접는다.
2. 그림처럼 접은 부분을 직사각형으로 잘라낸다.
3. 그림과 같이 '가'와 '나' 쪽에 눈금을 그리고, 가위로 차례로 자른다. 이때 눈금의 수는 5,7,9,11 홀수가 되도록 한다.
4. 가위질이 끝나면 카드를 펼쳐보자. 어떤 모양이 되었는가?

실험 결과
가위로 자른 눈금의 수가 많을수록 큰 구멍이 뚫려 목걸이로도 사용할 수 있다.

연구
여러 색의 색종이를 같은 모양으로 잘라 목걸이를 만들어보자. 이 실험은 <과학문화총서> 제2권 '마술보다 재미난 과학실험' 14페이지에 소개한 '엽서 한 장으로 만드는 무한히 긴 목걸이'와 비슷하다.

잘라낸다

가

나

제5장

실험87

소금물을 전기분해보자. 왜 수소 만 발생하나?

┌─ 준비물 ─────────────────────────────┐
│ – 3볼트 또는 6V 건전지 (1.5V 건전지 2개나 4개)
│ – 구리전선   – 소금, 설탕, 물
│ – 유리그릇
└──────────────────────────────────────┘

(* 이 실험에서 쓰는 재료는 문방구에서 파는 전기회로 꾸미기 세트를 사용하면 편리하다.)

전기를 이용하여 물질의 성분을 분리하는 것을 전기분해라고 한다. 물은 산소와 수소의 화합물이다. 건전지의 전기를 이용하여 소금물을 분해해 보자.

실험 목적

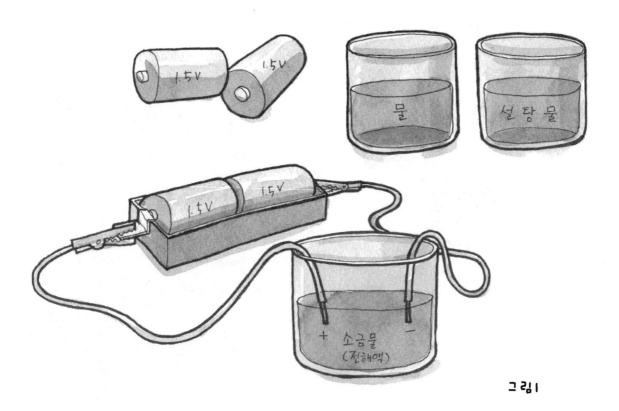

그림1

실험 방법

1. 3볼트 (또는 6볼트) 건전지의 양극에 구리 전선을 연결하고, 전선의 끝을 1~2센티미터쯤 벗겨둔다.
2. 유리그릇에 물을 담고 벗겨진 두 전극을 꽂아보자. 기체가 발생하는가?
3. 물에 설탕을 한 숟가락 타서 다시 전극을 꽂아보자. 기체가 생기는가?
4. 소금을 한 숟가락 녹인 물에 전극을 꽂아보자. 벗겨진 전극 주변에서 기체가 발생하는가?
5. 음극과 양극 어느 극에서 기체가 대량 발생하는가?

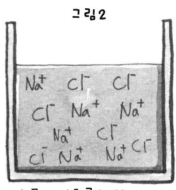

그림2

소금 → 나트륨 + 염소

$NaCl \rightarrow Na^+ + Cl^-$

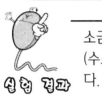

실험 결과

소금을 탄 물에서만 음극에서 기포(수소)가 왕성하게 보글보글 발생한다.

연구

물에 소금을 녹이면, 소금($NaCl$)의 일부는 나트륨(Na)과 염소(Cl)로 분리되는데, 이때 나트륨은 전자를 잃고 양이온(Na^+)이 되고, 염소는 전자를 얻어 음이온(Cl^-)으로 된다. 이온이란 전자를 얻거나 잃거나 한 상태의 물질을 말한다. (오른쪽 그림 참고)

물에 이온이 생겨 전기를 통할 수 있게 된 것을 전해액이라 한다. 반면에 맹물이나 소금물은 전해액이 아니므로 전기분해를 일으키지 못한다.

이 실험에서는 음극에서만 수소 기체가 맹렬하게 발생하고, 양극에서는 기체가 발생하는 것을 볼 수 없다. 그 이유는 그림4에서와 같이 음극으로 간 나트륨 이온은 물과 반응하여 수산화나트륨이 되면서 수소를 대량 발생시키지만, 양극에서는 염소(기체)가 생기나 금방 물에 녹아버리므로 기포가 떠오르지 않는 것이다. 대신 물에서는 염소 냄새가 난다.

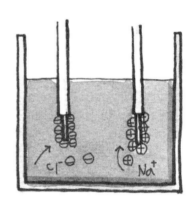

그림3

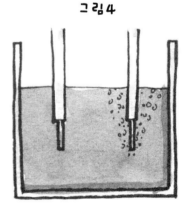

그림4

$Na + H_2O \rightarrow NaOH + H_2$

나트륨 + 물 → 수산화나트륨 + 수

제5장

<일반적인 전기분해 실험 방법>

* 못쓰게 된 연필 양쪽을 깎아 심에 전선을 연결하여 전극으로 사용한다. 물에는 황산이나 수산화나트륨을 소량 섞어 전해질로 만든다.
* 물속에 양이온과 음이온이 있으면 물속으로 전류가 흐르게 되고, 물은 분해가 일어나 양극 (+)에서는 수소를, 음극(-)에서는 산소를 발생하게 된다.
* 물의 분자(H_2O)는 수소 2개와 산소 1개 원자가 결합하고 있다. 그러므로 물을 전기분해하면 수소가 산소보다 2배 많이 생겨난다.
* 전기분해 성질을 이용하면 화합물을 분해하기도 하고, 도금을 할 수도 있다.

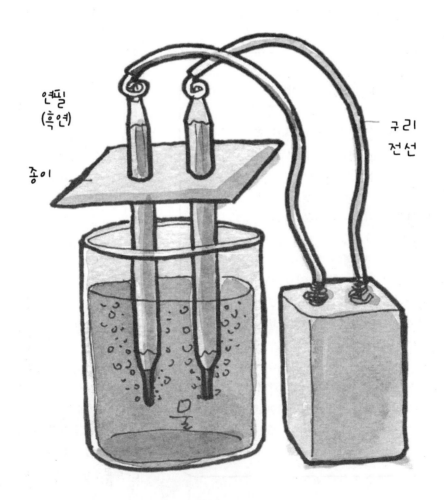

연필 (흑연)

종이

구리 전선

물

제6장
생활 속의 과학,
환경과 건강

실험88 레몬주스로 투명 글씨 메시지를 써보자

┌─ **준비물** ─────────────────────┐
- 레몬 (레몬주스나 레몬 파우더도 사용 가능)
- 물, 컵, 스푼   - 귀를 후비는 솜방망이(면봉)
- 흰 종이와 백열등
└────────────────────────────────┘

실험 목적 아무런 글씨가 보이지 않는 흰 종이이지만, 간단한 처리를 하면 글씨가 나타나는 비밀 메시지 작성법을 소개한다.

실험 방법
1. 레몬을 짜서 컵에 담는다. (레몬 파우더가 있으면 물에 타서 레몬주스를 만든다.)
2. 면봉에 레몬주스를 적셔 흰 종이에 비밀 메시지를 적는다.
3. 마르면 아무런 글씨가 보이지 않는다.
4. 이 비밀 종이를 백열전구에 대고 뜨겁게 해보자. 어떤 변화가 나타나는가?

실험 결과 하얀 비밀 종이를 백열전구에 대고 뜨겁게 하면 검은 글씨가 나타난다.

연구 레몬이든 다른 과일이든 즙의 성분은 탄수화물이다. 말라버린 과일액은 무색이다. 그러나 탄수화물을 뜨겁게 하면 검은색으로 변한다.

* 레몬이 아닌 다른 과일의 주스로도 실험해보자.
* 흰 설탕을 녹인 물로도 비밀 글씨를 실험해보자.
* 〈과학문화총서〉 제2권 '마술보다 재미난 과학실험 16페이지에는 다른 방법의 비밀 편지 쓰는 법이 소개되어 있다.

실험89 나타난 비밀 글씨가 다시 사라지게 해보자

┌─ **준비물** ─────────────────┐
- 레몬주스   - 밀가루 한 숟가락
- 물 한 컵
- 물을 잘 먹는 흰 도화지, 솜방망이
- 요드징크 (약국에 판다)
└──────────────────────────────┘

실험 목적

보내온 비밀 글씨를 읽어본 후 다시 보이지 않도록 처리하는 방법을 알아보자.

실험 방법

1. 물이 절반 정도 담긴 컵에 밀가루 한 숟가락을 쏟아 붓고 잘 휘젓는다.
2. 솜방망이에 밀가루 물을 적셔 흰 도화지에 암호문을 쓴다. 글씨가 마르면 보이지 않게 된다.
3. 솜방망이에 요드를 적셔 종이 위에 몇 방울 떨어뜨린 후 문지르면, 군청색으로 암호문이 나타난다.
4. 나타난 글씨 위에 레몬주스를 떨어뜨리고 면봉으로 문질러보자. 글씨가 어떻게 변하는가?

실험 결과

레몬주스를 발라주는 순간 드러났던 군청색 글씨는 다시 사라지고 보이지 않게 된다.

연구

밀가루, 밥알, 감자, 고구마 등에 요드를 바르면 검은 청색으로 변한다. 밀가루를 녹인 물로 쓴 글씨가 군청색이 되는 것은 전분이 포함되어 있기 때문이다. 그러나 레몬주스를 발라주면, 주스 속의 비타민C(아스코르빈산)가 요드와 화학반응을 하여 무색의 화합물로 변한다.

그러므로 멍든 상처에 요드를 바르다 옷에 묻어 검은 얼룩이 생겼다면, 레몬주스를 적셔 색을 지울 수 있다.

* 종이나 옷에 묻은 잉크, 녹물, 곰팡이 얼룩 등에도 레몬주스를 발라 탈색시켜보자.

실험90 큰 못의 표면을 코팅하여 황금 못을 만들어보자

준비물
- 레몬주스 (또는 식초) 반 컵
- 소금 조금　　　　　- 큰 못(새것)
- 깨끗한 10원 동전 15개 정도
- 유리컵(또는 종이컵), 나무젓가락

실험 목적　쇠로 된 못은 녹이 잘 슨다. 커다란 쇠못 표면에 구리를 도금(코팅)하여 녹슬지 않는 못으로 만들어보자.

실험 방법

〈* 실험에 식초를 사용하므로 보안경을 쓰고 해야 한다.〉
1. 동전 저금통을 꺼내 10원 동전을 15개 정도 골라낸다.
2. 유리컵(또는 종이컵)에 식초를 반 컵(100밀리리터) 담고, 거기에 십원 동전을 모두 넣는다.
3. 여기에 소금을 엄지와 검지로 조금 집어서 넣고 나무젓가락으로 휘저어준다. 이 상태로 5분가량 둔다.
4. 대못의 표면에 치약을 바르고, 손가락으로 문지르면서 물에 씻어 윤이 나도록 깨끗하게 한다.
5. 동전(구리)을 담가 둔 컵의 식초 물을 대못을 놓을 수 있는 크기의 접시에 붓고, 그 속에 대못을 넣는다.
6. 15분 정도 지난 뒤 대못을 젓가락으로 꺼내보자. 어떻게 변했는가?

실험 결과　대못 표면은 구리 빛으로 코팅되어 있다.

연구　구리와 식초(또는 레몬주스의 구연산)가 만나면 초산구리(또는 구연산구리)가 생겨나 용액 속에 섞인다. 이러한 초산구리 용액에 쇠못을 넣으면, 쇠못의 표면에 구리가 결합하게 되어, 문질러도 잘 벗겨지지 않도록 코팅된다.

소금

식초

소금

소못

15분

제6장

실험91 녹슨 10원 동전을 새것처럼 만들어보자

┌─ 준비물 ─┐
- 녹슨 10원짜리 동전
- 레몬주스 또는 식초 반 컵
- 유리컵 또는 종이컵

실험 목적

구리로 만든 동전은 녹이 슬면 비누로 씻어도 지워지지 않는다. 레몬주스나 식초가 있으면 간단히 청소할 수 있다.

실험 방법

1. 컵에 레몬주스나 식초를 담는다.
2. 청소하려는 10원짜리 동전을 용액 속에 담그고 5분 정도 기다린다. 이때 어느 정도 깨끗이 청소되었는지 비교해보기 위해 비슷한 정도로 녹슨 동전 한 개는 밖에 둔다.
3. 5분 후에 식초(또는 레몬주스)를 쏟아버리고, 동전을 꺼내보자. 얼마나 깨끗해졌나?

〈 *식초가 눈으로 튀지 않도록 이 실험은 보안경을 쓰고 한다. 보안경 만드는 법은 '과학문화총서' 제1권 '혼자서 해보는 어린이 과학실험' 255페이지에 소개되어 있다.〉

실험 결과

청록색으로 물들었던 동전의 녹이 사라지고 구리 빛이 선명하게 나타난다.

연구

구리의 표면이 검푸르게 녹스는 것은 산소와 구리가 화합하여 산화구리가 된 때문이다. 레몬에는 '구연산' 또는 '시트르산'이라 부르는 산성물질이 포함되어 있다. 레몬주스나 식초에 포함된 산성물질은 구리의 녹(산화구리)을 만났을 때, 녹에 포함된 산소를 떼 내어 결합하면서 물이 되어버린다. 따라서 녹은 사라지고 구리 성분만 남는다.

구리 + 산소 –> 산화구리
산화구리 + 산 –> 구리 + 물

제6장

실험92 번쩍이던 동전이 다시 청록색으로 변색한다

┌─ 준비물 ─────────────────────────
- 변색된 10원 동전 몇 개 (또는 변색된 구리로
  만든 물건)
- 소금과 식초, 물   - 유리컵, 젓가락
└──────────────────────────────────

실험 목적

구리는 공기 중의 산소와 결합하여 검푸른 색으로 쉽게 변(부식)한다. 쇠가 녹스는 것과 비슷한 구리의 이런 부식을 동록(銅綠)이라 한다. 부식된 10원 동전을 화학적으로 청소한 후 다시 부식되는 것을 관찰해보자.

실험 방법

(* 이 실험은 보안경을 쓰고 해야 안전하다.)
1. 유리컵에 녹슨 동전을 몇 개 담는다. 비교를 위해 1개는 흰 종이 위에 남겨 둔다.
2. 동전 위에 소금을 조금 뿌린다.
3. 그 위에 식초를 동전이 잠기도록 붓는다.
4. 1,2분 후 식초가 손에 묻지 않도록 젓가락으로 동전을 건져내어 물로 씻고 휴지로 닦은 후, 백지 위에 남겨둔 동전과 비교해보자. 얼마나 깨끗해졌는가?
5. 청소가 된 동전을 30분쯤 그대로 두었다가 다시 관찰해보자. 어떤 변화를 관찰할 수 있는가?

실험 결과

소금-식초에 적셔둔 동전은 잠깐 사이에 깨끗해진다. 그러나 공기 중에 놓아두면 다시 부식을 시작하여 검푸르게 변해간다.

연 구

소금과 식초가 결합하면 아세트산나트륨과 염화수소(염산)가 생긴다. 이때 만들어진 염산은 강한 산성물질이기 때문에, 동전(구리)을 덮은 녹과 화학적으로 금방 결합하여 표면을 깨끗하게 만든다. 만일 동전에 다른 이물질까지 묻었다면 청소가 덜 깨끗할 수 있다.
반짝거리는 동전은 시간이 얼마큼 지나면 공기 중의 산소와 다시 결합하여 붉고 푸른 동록으로 덮이게 된다.

소금

식초

구리+산소 → 동 녹
(부식현상)

실험93 붉은색이 푸르게 변하는 간단한 변색 실험

준비물

- 붉은 양배추와 당근　　　　- 세탁물 탈색용 락스
- 식초 (물에 식초 몇 방울을 탄 것)
- 레몬주스 (물에 레몬주스 몇 방울을 넣은 것)
- 베이킹파우더 (물에 베이킹파우더를 조금 녹인 것)
- 비눗물 (물에 가루비누를 조금 녹인 것)
- 투명한 유리 컵 몇 개

실험 목적

리트머스라는 식물(이끼류)에서 뽑아낸 천연색소는 산성물질 속에서는 붉은색, 알칼리성 물질 속에서는 푸른색으로 변한다. 붉은 양배추와 당근에서 추출한 색소는 산과 알칼리 속에서 어떤 변색으로 할까?

실험 방법

(* 안전을 위해 이 실험은 보안경을 쓰고 시작한다.)
1. 붉은 양배추를 삶아 손으로 짜면 붉은 색 즙이 나온다. 이것을 컵에 모은다.
2. 준비한 식초 물을 투명한 유리컵에 담고, 차 숟가락에 양배추 즙을 떠서 쏟아보자. 어떤 색이 나타나는가?
3. 같은 방법으로 레몬주스에도 넣어보자.
4. 같은 방법으로 베이킹파우더 액과 비눗물에도 양배추 액을 섞어보자.
5. 붉은 양배추 대신, 이번에는 당근을 잘게 썰어 5분 동안 끓인 뒤, 울어난 붉은색 물을 사용하여 식초, 레몬주스, 베이킹파우더, 비눗물에 각각 넣어 색의 변화를 관찰해보자.
6. 붉은색, 푸른색 물에 세탁용 락스를 한 방울 넣어보자. 색깔이 어떻게 변하는가?

(* 락스는 손이나 옷에 묻지 않도록 아주 조심해야 한다. 묻으면 피부가 상하고 옷은 탈색된다.)

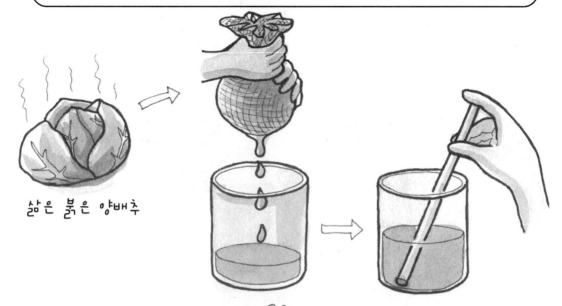

삶은 붉은 양배추

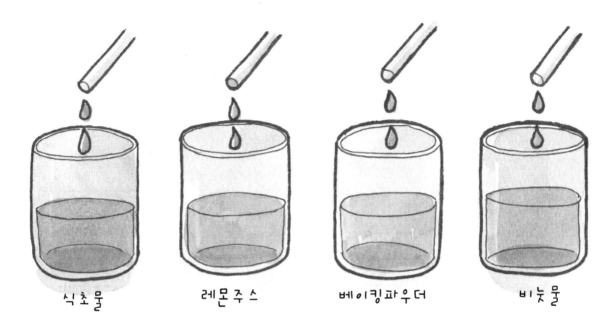

식초물　　레몬주스　　베이킹파우더　　비눗물

실험 결과

1. 붉은 양배추에서 추출한 붉은 색소를 식초액과 레몬주스에 넣으면 핑크색을 나타내고, 베이킹파우더와 비눗물에서는 연두색이 된다.
2. 당근을 삶아 추출한 붉은색은 베이킹파우더 액을 푸른색으로 변화시키다.
3. 락스를 타면 어떤 색이든 모두 탈색된다.

연 구

식초액과 레몬주스는 산성 물질이고, 베이킹파우더와 비눗물은 알칼리성 물질이다. 산성 물질은 수소 이온(H^+)을 가졌고, 알칼리성 물질은 수산 이온(OH^-)을 가졌다. 산성과 알칼리성에 따라 색이 달라지는 화학물질을 지시약(指示藥)이라 한다.

제6장

실험94 나의 숨에 포함된 탄산가스의 양은 얼마나 되나?

┌─ 준비물 ─────────────────────────
- 같은 모양의 큼직한 유리병(큰 커피 병) 2개
- 작은 양초 2개와 성냥   - 세숫대야
└──────────────────────────────────

실험 목적   사람의 허파는 산소를 들여 마시고 탄산가스를 내뱉는다. 나의 폐에서 나온 공기에는 얼마나 많은 탄산가스가 포함되어 있는지 확인해보자.

실험 방법

1. 대야에 물을 3분의 2쯤 담는다.
2. 한 개의 유리병에 물을 가득 채우고, 그것을 얼른 뒤집어 대야의 물에 집어넣는다.
3. 가만히 병을 들어올리면 물은 빠져나가고 주변의 공기가 들어갈 것이다. 이 빈병을 뒤집은 상태로 탁자 위에 놓는다.
4. 다른 유리병에도 물을 가득 채우고 대야의 물에 뒤엎는다.
5. 스트로를 입에 물고, 숨을 크게 들여 마신 후, 폐의 공기를 유리병 안으로 뿜어 넣는다. 물은 나가고 병 안은 숨으로 가득하게 될 것이다. 만일 입으로만 바람을 불어넣는다면, 그 공기는 폐에서 나온 자기의 숨이 아니다.
6. 자신의 숨을 가득 채운 병도 거꾸로 뒤집은 상태로 탁자에 나란히 놓는다.
7. 촛불을 2개 켜고, 두 유리병을 뒤집은 상태로 동시에 조용히 얹어보자. 어느 유리병의 촛불이 먼저 꺼지는가?

실험 결과   폐에서 나온 공기는 산소가 적게 포함되어 있어 촛불이 일찍 꺼진다.

연구   촛불은 산소가 부족하면 더 이상 타지 못한다. 공기 중에는 산소가 20퍼센트, 탄산가스가 0.03% 포함되어 있다. 그러나 폐에서 나오는 가스 중에는 산소가 16퍼센트, 탄산가스가 4퍼센트 가량 들어 있다. 공기의 나머지 약 80퍼센트는 질소이다.

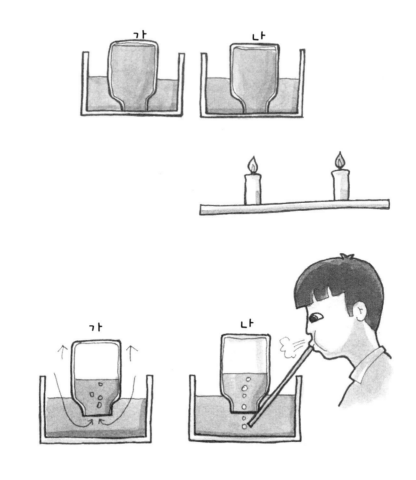

제6장

실험95 불타지 않는 내화 종이의 비밀

┌─ 준비물 ─────────────────┐
- 음료수 캔
- 종이 조각
- 성냥이나 라이터
└──────────────────────────┘

실험 목적

쉽게 불타지 않아 화재 위험이 적은 벽지를 '내화 벽지'라 한다. 종이가 불타기 어렵게 하는 방법을 실험해보자.

실험 방법

1. 종이조각을 그림과 같이 음료수 캔 벽에 쫙 펴서 붙인다.
2. 편평한 면에 성냥불을 가까이 해보자. 불이 잘 붙는가? 불붙지 않는 이유를 생각해보자.

〈* 화재 위험이 없는 장소에서 실험한다.〉

실험 결과

캔과 접촉한 부분에 불을 붙이면, 그을리면서도 좀처럼 불타지 않는다.

연구

캔의 성분인 알루미늄이나 철과 같은 금속은 종이의 열을 식혀주기 때문에 쉽게 불이 붙지 않는다. 금속은 열을 잘 전도하는 성질이 있다. 열을 다른 곳으로 전도하는 이런 성질을 이용하면 내화 벽지를 만들 수 있다. 이 실험은 종이 대신 못쓰는 천을 사용해도 된다.

* 내화 벽, 내화 커튼 등은 어떻게 만드나 알아보자.

종이

\<토막 지식\> – 비누 이야기

비누는 때 특히 기름 성분의 때를 씻어주는 아주 편리한 발명품이다. 그러나 비누라는 것이 없던 아주 옛날 선조들은 빨래할 때, 아궁이에서 나온 재를 물에 담가두었다가 울어난 물로 세탁을 했다. 그래서 세탁용 물을 '잿물'이라 불렀다. 이 잿물은 약한 알칼리성을 가지고 있어 옷에 묻은 기름 성분을 분해시키는 작용을 한다.

약 2천년 전부터는 동물의 지방질에다 나뭇재를 섞어 만든 비누로 빨래도 하고 머리를 감았다고 한다. 그러나 손이나 옷에 동물의 기름이나 송진 같은 식물의 분비물이 묻거나 하면 쉽게 씻을 수 없었다.

공업적으로 가성소다(수산화나트륨 NaOH)을 만들어 보급하게 되면서, 선조들은 잿물 대신에 가성소다를 녹인 물을 빨래할 때 사용했다. 그래서 당시의 사람들은 그것을 '양잿물'이라 불렀다. 양잿물은 강한 알칼리성 물질이기 때문에 그 물을 마시거나 하면 생명이 위험하다.

오늘날의 비누는 지방질에 가성소다나 나뭇재에서 추출한 알칼리성 화학물질을 혼합하여 만드는데, 여기에 소금, 향료, 색소 등을 섞고 있다. 특히 부엌 등에서 쓰는 최근의 여러 세제들은 석유를 정제하고 남은 물질 중에서 원료를 뽑아내어 비누를 만든다. 이러한 비누를 합성세제라고 부르는 것은 이 때문이다.

지방질로 만든 일반 비누는 자연 속에서 잘 분해되지만, 합성세제는 분해에 긴 시간이 걸려 공해물질로 취급받는다.

비누가 물에 들어가면, 물의 표면장력을 약하게 하고, 빨래에 묻은 기름 성분을 녹여내어 때가 잘 씻어지도록 한다.

실험96

불지 않아도 저절로 부풀어 오르는 고무풍선

┌─── 준비물 ───
– 식초 (또는 레몬주스) 50–60 밀리리터
– 작은 음료수 페트병
– 컵   – 물 30밀리리터
– 베이킹파우더 1스푼(차 숟가락으로)
└──────────────

실험 목적
식초에 베이킹파우더를 섞으면 탄산가스가 발생한다 ('과학문화총서' 제1권 실험63 참조). 이러한 성질을 이용하여 고무풍선이 저절로 부풀어 나는 마술을 부려보자.

실험 방법
⟨* 식초를 사용하므로 안전을 위해 보안경을 쓰고 실험한다.⟩
1. 고무풍선을 두 손으로 가볍게 잡고 사방으로 당겨 잘 늘어날 수 있게 한다.
2. 페트병에 30밀리리터 정도의 물을 담는다.
3. 거기에 종이 깔때기를 대고 베이킹파우더를 1스푼 넣는다. 넣고 난 뒤 휘젓지 않는다. 휘저으면 미리 가스가 생겨버린다.
4. 거기에 식초 60밀리리터를 붓고, 얼른 병의 입에 고무풍선 입구를 씌운다.
5. 물, 베이킹파우더, 식초가 섞이도록 페트병을 슬슬 흔들어보자. 어떤 현상이 일어나는가?
(* 주의 – 실험이 끝난 뒤 고무풍선을 벗겨낼 때는, 부풀어 오른 식초 거품이 고압으로 튀어나올 염려가 있으므로, 병의 입구 뒤쪽이 먼저 열리도록 한다.)

실험 결과
급격하게 거품이 일면서 고무풍선이 저절로 부풀어 오른다.

연구
식초와 베이킹파우더가 만나면 이산화탄소(탄산가스)가 발생하고, 발생한 가스는 고무풍선을 부풀게 한다.
* 1밀리리터는 가로, 세로, 높이 1센티미터의 양. 작은 페트병은 대개 500밀리리터, 큰 것은 1500밀리리터(1.5리터) 부피이다.

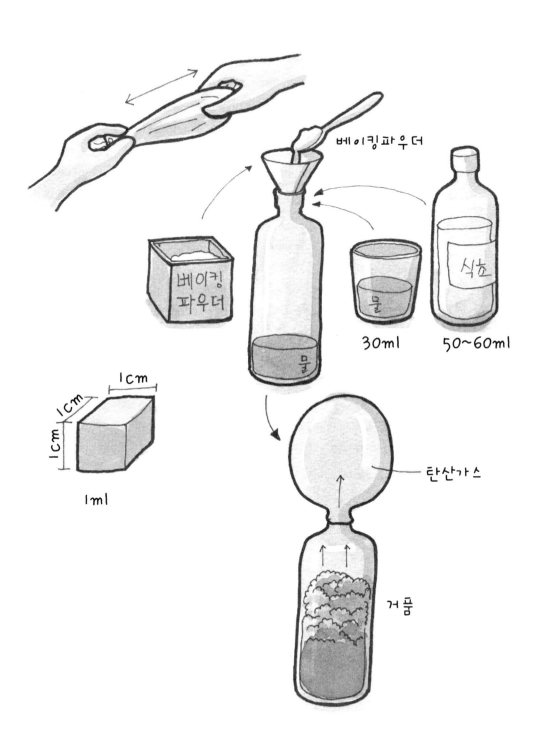

베이킹파우더

베이킹
파우더

물

30ml

식초

50~60ml

물

1cm

1cm

1cm

1ml

탄산가스

거품

실험97 이스트(효모)가 만들어내는 거품은 탄산가스

준비물
- 슈퍼마켓에서 파는 드라이이스트(이스트 파우더) 1봉지
- 입구를 지프처럼 봉하도록 만든 플라스틱 봉지(지프백) 2개
- 설탕, 숟가락, 미지근한 물

실험 목적

빵을 만들 때 사용하는 재료인 이스트는 살아있는 미생물이다. 탄소동화작용을 하지 못하는 이스트는 탄수화물을 분해하여 탄산가스를 만들어낸다. 이것을 직접 관찰해보자.

실험 방법

1. 2개의 지프 백에 각각 한 숟가락 정도의 이스트를 넣는다.
2. 1개의 지프 백에는 설탕을 한 숟가락 담고, 다른 백에는 넣지 않는다.
3. 두 봉지에 미지근한 물을 각각 한 컵씩 붓고, 입구의 지프를 눌러 꼭 봉한다.
4. 두 지프 백을 손으로 흔들어 잘 섞이도록 한 후, 따뜻한 곳에 둔다.
5. 몇 시간 뒤에 두 지프 백에 어떤 변화가 일어났는지 관찰해보자.

실험 결과

설탕을 넣지 않은 지프 백에는 별다른 변화가 없다. 그러나 설탕을 넣은 지프 백에서는 기포가 가득 생겨나고 있으며, 백이 부풀어 올라 있다.

연구

이스트가 잘 자라도록 하려면 영양분을 주어야 한다. 이 실험에서는 설탕을 영양으로 주었다. 이스트는 수분과 영양 그리고 적당한 온도 조건을 가지면 그림처럼 세포가 커지고 또 서로 나누어지면서 증식한다. 이때 이스트는 탄산가스를 내놓는다. 밀가루 반죽에 이스트를 넣고 적당한 온도에 두면 이스트에서 나온 탄산가스 기포가 빵을 크게 부풀게 한다. 부푼 빵은 부드러워 먹기 좋고 소화도 잘 된다.

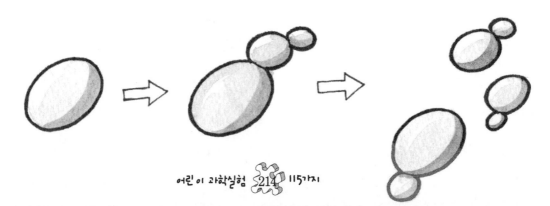

설탕

지프백

이스트

설탕

이스트파우더

물 물

식빵모양

제6장

실험98 삶은 계란과 생계란을 외관으로 구별해보자

┌─ 준비물 ─────────────────
- 삶은 계란과 생계란
└──────────────────────────

실험 목적

계란 요리를 준비하면서 실수로 삶은 것 하나가 생계란 가운데 섞여 버렸을 때, 깨지 않고 삶은 것을 구별해내는 방법이 없을까?

실험 방법

1. 계란을 하나씩 잡고 바닥에 팽이처럼 돌려본다.
2. 비틀비틀 도는가, 아니면 잘 돌아가는가?
3. 빙글빙글 도는 것에 가볍게 손가락을 대보자. 바로 멈추는가, 아니면 좀더 돌아가는가?

실험 결과

삶은 계란은 비틀거리지 않고 잘 돈다. 그리고 돌아가고 있을 때 손가락을 대면 곧 멈춘다. 그러나 생계란은 뒤뚱거리며 돌고, 돌고 있을 때 손가락을 대도 좀더 구른다.

연구

생계란의 흰자와 노른자는 액체상이기 때문에 회전하는 동안 그 위치가 조금씩 흔들린다. 따라서 회전할 때는 다소 뒤뚱거리게 되고, 도는 것에 손가락을 대면, 관성 때문에 바로 멈추지 못하고 흔들거리며 좀더 돌아간다. 그러나 내부가 단단히 굳은 삶은 계란은 잘 돌아가기도 하고 손을 대면 곧 멈춘다.

실험99 나도 석회암을 찾아내는 암석전문가

┌─ 준비물 ─────────────────────────┐
- 식초를 담은 병과 스포이트
- 여러 가지 암석, 대리석 조각, 분필 조각, 석고 조
  각, 깨진 시멘트 조각, 조개나 소라껍데기 등
└──────────────────────────────┘

실험 목적 우리나라에는 탄산칼슘이 주성분인 석회암으로 된 동굴이 많다. 시멘트는 석회암을 가루로 만든 후 가공하여 제조한다. 대리석도 석회암의 일종이다. 식초를 이용하여 석회암을 구분해보자.

실험 방법

(* 주의 : 식초는 손에 묻지 않도록 해야 하며, 암석을 망치 등으로 쪼갤 때는 깨진 조각이 튀기 때문에 반드시 보호 장갑과 보안경을 착용하고 해야 한다.)

1. 산이나 개천 등에서 채집해온 암석 조각에 식초를 스포이트에 담아 몇 방울 떨어뜨려보자.
2. 분필, 대리석조각, 깨진 시멘트 조각에도 식초를 떨어뜨려보자.
3. 거품이 발생하는 것은 어떤 것인가?

실험 결과 식초를 떨어뜨렸을 때 거품이 발생하는 암석은 그 안에 탄산칼슘($CaCO_3$)이 포함된 것을 증명한다.

돌암석

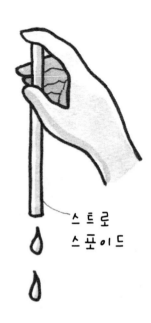

스트로
스포이드

탄산칼슘과 산(식초, 염산, 황산 등)이 만나면 탄산가스가 발생한다. 시멘트와 유리 제조에 쓰는 석회석, 건축과 조각품의 재료로 쓰는 대리석, 그 외에 백운석은 탄산칼슘을 포함한 대표적인 암석이다. 분필이나 석고 조각에서도 가스가 나오는 것은 그 안에 탄산칼슘이 포함된 탓이다.

대리석은 석회석이 더 단단하게 변질된 것이며, 조개나 소라의 껍데기 성분도 탄산칼슘이다.

제6장

실험100 식초로 계란 껍데기에 그림 그리기

⟨* 식초 사용 때는 꼭 보안
경을 착용하며, 맨살에 식
초가 닿지 않도록 한다⟩

┌─ 준비물 ─────────────────┐
│ - 삶은 계란 1개   - 계란을 담을 컵 │
│ - 식초 1컵   - 크레용과 보안경 │
└──────────────────────────┘

실험 목적

화학적인 방법으로 글씨나 그림 형태가 드러나도록 하는 것을 부식(腐蝕)이라 한다. 계란을 식초에 넣으면, 탄산칼슘 성분이 산성물질에 녹아 거품을 내면서 껍데기가 흐물흐물해진다 ('과학문화 총서' 제1권의 실험 69, 실험70 참조). 이러한 성질을 이용하여 계란껍데기에 부식된 그림을 만들어보자.

실험 방법

1. 삶은 계란 껍데기 위에 크레용으로 글씨나 그림을 그린다.
2. 이 계란을 컵에 담고, 그 위에 계란이 완전히 잠기도록 식초를 부어 둔다.
3. 계란 표면에서 어떤 현상이 일어나는가?
4. 3~4시간이 지난 뒤, 식초를 쏟아버리고, 새 식초를 다시 부어 2시간 정도 둔다.
5. 계란을 흐르는 물에서 살살 씻어보자. 그림을 그리지 않은 부분과 그린 부분은 어떻게 변해 있는가?

실험 결과

계란 껍데기에 식초를 부으면, 탄산가스가 부글부글 발생하며 부식되기 시작한다. 그러나 크레용을 바른 부분은 부식되지 않고, 그림 모양이 그대로 남아 있다.

연구

크레용을 칠한 계란 껍데기 부분은 식초의 산성물질과 화학반응을 일으키지 않기 때문에 부식현상이 일어나지 않아 그림 자국이 그대로 남는다. 그러나 나머지 부분은 산에 녹아(부식되어) 속살만 남고 씻겨나간다.

3~4시간

2~3시간

여름에 폴리에스터 옷을 입으면 왜 더운가?

실험101

준비물
- 폴리에스터 천 조각
- 면으로 만든 천 조각

실험 목적 폴리에스터 천으로 된 옷을 여름에 입으면 덥게 느껴진다. 그 이유를 실험으로 알아보자.

실험 방법
1. 물통에 물을 담는다.
2. 폴리에스터 천과 면직 천 조각의 끝자락을 물에 적셔보자. 어느 천에 물이 잘 스며드는가? 그 이유는 무엇일까?

실험 결과 폴리에스터 천은 물을 잘 빨아먹지 않는다. 그러나 면직은 물이 잘 스며든다.

연구 솜이 원료인 면직은 가느다란 섬유 사이로 모세관현상이 일어나 물이 잘 스며든다. 다시 말해 물을 잘 빨아먹는다. 그러나 폴리에스터 천의 섬유는 굵고 단단하여 모세관현상이 잘 일어나지 않는다.
몸에 땀이 흘렀을 때, 모세관현상이 잘 일어나는 면직은 땀을 빨아들여 외부로 쉽게 증발되게 한다. 그 결과 몸은 시원함을 느낀다. 그러나 물을 흡수하지 않는 폴리에스터 천을 더운 날 입으면 열을 식혀주지 못해 더위를 더 느끼게 만든다.

<토막 지식>

* 남극과 북극 등 지구상의 얼음이 전부 녹으면 바다 수면은 지금보다 600-900미터쯤 높아진다.
* 지구상의 물은 대부분 바다에 있다. 소금기가 없는 민물은 남북극의 얼음물, 호수와 강의 물, 지하와 구름에 있는 물이다. 캐나다의 수많은 호수는 지구상의 민물을 3분의 1 정도 담고 있다.
* 아마존강의 하구로 흘러나오는 강물의 양은 지구상의 모든 강물을 합친 것의 5분의 1 정도이다.

증발

폴리에스터

면직

<토막 지식> – 베이킹파우더는 부엌의 응급 분말 소화제

빵이나 과자를 만들 때, 밀가루 반죽을 부풀리기 위해 첨가하는 베이킹 파우더는 응급시에 분말 소화제로 사용할 수 있다. 가스렌지에 올려둔 프라이펜이 과열되어 불이 붙거나 했을 때, 베이킹 파우더를 불 위에 뿌리면 불을 끌 수 있다.

베이킹 파우더의 성분은 탄산수소나트륨($NaHCO_3$)이다. 이 물질은 불에 뜨거워지면 탄산나트륨(Na_2CO_3)과 물(H_2O) 그리고 탄산가스(CO_2) 세 가지 물질로 변한다. 이때 고체인 탄산나트륨은 프라이 펜의 기름을 덮어 타는 것을 막고, 액체인 물은 뜨거운 불길을 식혀주며, 기체인 탄산가스는 산소를 내쫓아 불타는 것을 방해한다.

탄산수소나트륨은 중탄산나트륨 또는 중조라고도 부른다. 탄산나트륨은 빨래할 때 사용하는 세탁 소다의 성분이다.

어떤 지우개가 연필자국을 왜 잘 지우나?

준비물

- 몇 가지 고무지우개, 고무풍선이나 고무공의 고무, 기타의 고무
- 흰 종이와 연필

실험 목적

연필자국을 지워주는 고무지우개는 매우 편리하다. 이러한 지우개는 무엇으로 만들까? 고무지우개가 연필자국을 없애주는 이유는 무엇일까?

실험 방법

1. 흰 종이에 연필로 글씨와 그림을 그린다.
2. 준비한 지우개와 여러 가지 고무로 연필자국을 지워보자. 잘 지워지는 고무지우개의 특징을 살펴보자.

실험 결과

연필자국을 잘 지우는 고무는 재질이 부드럽고 푸석푸석하며, 지울 때 지우개의 일부가 잘 벗겨져 나간다. 그러나 고무풍선의 고무나 고무공의 고무 성분은 연필자국을 문질러도 지우지 못하고, 연필자국을 문지르기만 하여 종이 전체에 퍼지도록 만든다.

연구

고무에는 천연고무와 합성고무가 있다. 천연고무(생고무)는 고무나무와 같은 식물에서 뽑아낸 것이고, 합성고무는 화학물질을 결합시켜 인공적으로 만든 것이다.

일반적인 천연고무나 합성고무는 연필자국을 지우지 못하고 종이 위에 문지르기만 한다. 그러나 지우개 고무는 식용유와 경석(輕石)이라는 미세한 암석 가루 등을 섞어서 만든다. 이러한 고무지우개를 종이 위에서 문지르면, 작은 입자 형태로 뭉쳐서 피부처럼 조금씩 벗겨져 나간다. 이것이 지우개밥이다. 지우개밥에는 연필의 흑연 입자가 잘 묻어나온다.

고무지우개는 1752년에 프랑스에서 처음 발명되었다. 고무지우개가 나오자, 영국의 화학자 조지프 프리스틀리는 1790년에 그것을 러버(rubber)라고 불렀다. rubber의 rub는 '문지르다'는 뜻의 영어이다. 그러니까 오늘날 rubber(고무)라는 영어는 고무지우개의 이름에서 비롯된 것이다.

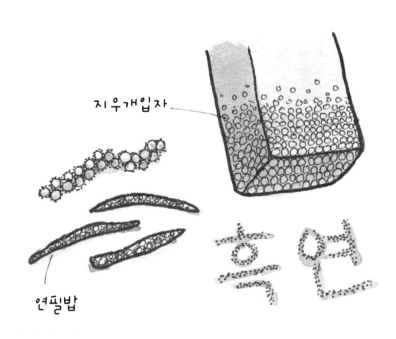

지우개입자

연필밥

흑연

제6장

실험103 녹색물감을 청색과 황색으로 분리시켜보자

┌─ 준비물 ─────────────────────────┐
│ – 초록색 매직펜   – 빈 커피병과 물
│ – 키친타월 (또는 원두커피를 거르는 필터 페
│   이퍼나 신문지)
└──────────────────────────────┘

실험 목적

초록색 물감은 파랑색과 노랑색을 합친 것이다. 초록색 매직펜의 잉크를 파랑과 노랑으로 분리해보자.

실험 방법

1. 키친타월을 폭 2센티미터, 길이 15센티미터 정도로 잘라 기다란 밴드를 만든다.
2. 그림과 같이 밴드 끝에서 3센티미터 정도 되는 곳에 초록색 매직펜을 눌러 직경이 1센티미터보다 작게 둥근 반점을 찍는다.
3. 빈 커피 병에 물을 3센티미터 정도 깊이로 담는다.
4. 밴드의 끝 부분이 물에 살짝 잠기도록 하고, 밴드의 위쪽을 접어 병 가장자리에 걸치도록 한다.
5. 병뚜껑을 가만히 얹어두고, 30분쯤 후에 밴드의 반점을 살펴보자.
6. 병의 물이 키친타월을 따라 올라가면서 초록색 잉크 반점을 어떻게 변화시켰는가?

실험 결과

물이 밴드를 따라 오름에 따라 초록색 물감은 올라가면서, 파랑색과 노랑색으로 분리되어 있다.

연구

초록색 물감 성분은 물에 녹아 모세관현상에 의해 위로 올라간다. 이때 노랑색과 파랑색 성분의 분자는 물에 녹는 속도도 다를 뿐 아니라 무게도 서로 차이가 있다. 그러므로 물과 친화성이 좋은 것은 물을 따라 위쪽으로 먼저 올라가고, 그렇지 못한 분자는 아래에 있게 되어 두 성분은 각각 분리된다.
　　과학자들은 이러한 방법을 이용하여 여러 가지 혼합물의 성분을 분석하기도 하는데, 이를 크로마토그래피 분석법'이라 한다. 이 실험 때 수분이 잘 젖지 않는 종이는 사용에 부적당하다.

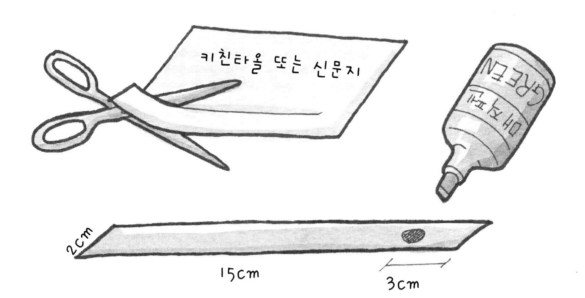

키친타올 또는 신문지

2cm

15cm

3cm

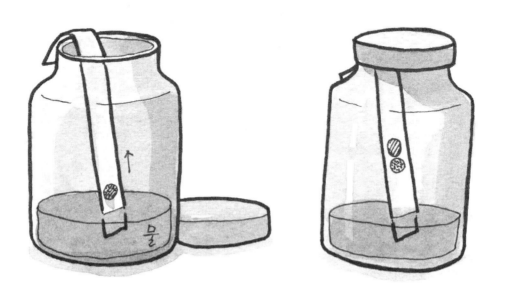

물

제6장

실험104 백반의 결정으로 아름다운 보석 만들기

준비물
- 백반(일명 명반, 약국이나 슈퍼마켓에서 판다)
- 종이컵 1개, 스푼, 더운물
- 접시 1개, 투명한 유리병 1개
- 나일론 실, 젓가락

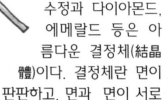

수정과 다이아몬드, 에메랄드 등은 아름다운 결정체(結晶體)이다. 결정체란 면이 판판하고, 면과 면이 서로 **실험 목적** 만나는 부분이 각이진 형체를 말한다. 고체는 대개 결정체를 이루지만 대부분은 결정의 크기가 너무 작아 맨눈으로 볼 수가 없다.

백반은 냄새나 색이 없는 투명한 화학물질인데 입에 넣으면 새큼하면서 떫은맛이 난다. 요리, 염색, 의약제조, 화학공업 등에 쓰는 백반의 결정을 만들어보자

실험 방법

1. 종이컵에 더운물을 3분의 2 정도 담는다.
2. 컵에 백반을 조금씩 넣으면서 젓가락으로 휘저어 녹인다.
3. 백반이 더 이상 녹지 않을 때까지 녹여 포화용액을 만든다.
4. 백반 물을 하얀 접시에 1숟가락 떠놓고, 이것을 3일 정도 조용하고 깨끗한 곳에 둔다.
5. 나머지 백반 물은 유리병에 전부 담아 조용히 둔다.
6. 접시에 담긴 백반 물은 증발하고 접시 바닥에는 작은 백반의 결정이 보일 것이다.
7. 이 작은 백반 결정을 나일론실에 묶어 그림처럼 병에 담아둔 백반 물 안에 드리워둔다. (결정이 너무 작아 매달기 어렵지만 노력해보자.)
8. 1주일 후 나일론실을 가만히 들어내어 백반의 결정이 커진 모습을 확대경으로 관찰해보자.
9. 실에 매달린 백반 결정을 다시 병에 넣고 2주일, 1개월, 2개월 장기간 두고 그 변화를 관찰한다.

접시의 물이 마르면 백반의 분자들은 서로 결합하여 결정을 만들기 시작한다. 작은 결정을 실에 매달아 백반 액에 넣어두면, 그 결정 주변에 백반 분자가 계속 붙어서 커다란 결정을 만들게 된다. 또한 실에는 작은 백반 결정들이 보석처럼 매달리게 된다.

백반의 작은 결정을 실에 매달아두면 그 주변에 다른 백반 분자들이 결합하여 결정체가 커지게 된다. 그래서 이런 것을 '씨 결정'이라 한다. 소금의 결정은 모양이 6면체이지만, 백반의 결정은 다면체이면서 큰 결정이 만들어진다.
 백반은 먹어서는 안 된다. 백반의 성분 중에는 알루미늄이 많이 포함되어 있다. 손톱에 봉선화 물을 들일 때 이것을 조금 섞으면 색이 더 진하게 든다.

* 소금을 녹인 물을 증발시켰을 때 생긴 소금의 결정 모양을 관찰하고 백반의 결정과 비교해보자. (소금의 결정은 10배 정도의 확대경으로 보면 잘 보인다.)

실험105 소금 결정으로 신비한 정원을 만들어보자

┌─ 준비물 ─────────────────────────┐
- 소금 두 숟가락   - 따뜻한 물 반 잔
- 식초 한 숟가락   - 접시
- 유리구슬 크기의 작은 돌멩이 (표면이 거친 것)
└──────────────────────────────────┘

실험 목적

진한 소금물을 접시에 담아 증발시키면, 바닥에 소금의 결정이 형성된다. 이러한 성질을 이용하여 소금의 결정으로 뒤덮인 반짝이는 정원을 만들어보자.

실험 방법

1. 더운물 반 컵에 소금을 더 이상 녹지 않을 때까지 녹인다.
2. 이 소금물에 식초 한 숟가락을 넣는다.
3. 접시에 작은 돌 몇 개를 놓고 소금물을 돌 위에 고루 붓는다. 이때 돌이 소금물에 절반쯤 잠길도록 붓는다.
4. 이 접시를 소금물이 모두 증발하도록 며칠 놓아둔다.
5. 재결정된 소금 정원의 모양을 살펴보자.

실험 결과

소금물이 증발하는 동안 소금의 결정은 접시 바닥만 아니라 돌멩이 위로 더 높이 쌓인 것을 보게 된다. 또한 소금 결정은 접시 가장자리를 따라서도 높이 올라가 있다.

연 구

소금물이 증발하면 소금이 재결정되면서 6각형의 결정체를 무수히 만들게 된다. 소금의 작은 결정체 사이에는 좁은 틈이 있으므로, 모세관현상에 의해 물이 그 사이로 차츰차츰 높이 올라가 소금 결정을 높이 쌓아 올리게 된다. 이때 모세관현상은 소금 결정을 접시 가장자리까지 오르도록 만든다.

　　물에 소금이 녹으면 소금이 녹은 상태로 모세관 현상을 일으킨다. 이 실험에서 식초를 조금 넣은 것은, 돌에 묻은 기름기를 제거하여 모세관현상이 더 잘 일어나도록 한 것이다.

돌

실험106 우유로 플라스틱을 만들어보자

┌─ **준비물** ─┐
- 우유 120밀리리터
- 식초 1숟가락 (5밀리리터)
- 작은 냄비와 컵 각 1개

실험 목적

'플라스틱'이란 말의 본뜻은 주물러서 마음대로 모양을 만들 수 있는 물질을 말한다. 최초의 플라스틱은 우유로 만들었다는데, 그것을 여러분이 직접 제조해보자.

실험 방법

1. 냄비에 준비한 우유를 붓고 덩어리가 생길 때까지 끓인다.
2. 덩어리만 남기고 액체는 쏟아버린다.
3. 덩어리를 컵에 담고, 여기에 식초를 부어준 후 1시간 정도 둔다.
4. 말랑말랑한 탄력 있는 덩어리가 생기면, 그것만 남기고 액체는 쏟아낸다.
5. 탄력 있는 덩어리를 손으로 뭉쳐 공이나 일정한 모양으로 만들어 병에 담고, 2~3시간 둔다. 이때 뚜껑을 덮지 않는다.
6. 덩어리는 어떻게 변했는가?

실험 결과

모양 그대로 단단하게 굳는다.

연 구

우유에 식초를 넣으면, 지방질과 단백질은 서로 엉겨 덩어리가 되고 액체만 남는다. 이 덩어리는 굳어지기 전에 주물러 모양을 만들 수 있다. 이것이 역사상 최초의 플라스틱이다. 이 때 색소를 섞으면 색 플라스틱을 만들 수 있다.

지금의 플라스틱은 모두 석유의 성분에서 뽑아내고 있다. 그런데 석유로 만든 지금의 플라스틱은 오랜 세월이 지나도 부패하지 않는다.

우유

식초

1시간

2~3시간

굳은 플라스틱

실험107

부패할 때 생기는 탄산가스를 관찰해 보자

┌─ 준비물 ─────────────────────────────┐
- 음식물을 담는 작은 플라스틱 지프 백 4개
- 바나나 2,3개   - 메주 덩어리 한 조각
- 유성 사인펜, 가위, 종이컵
└──────────────────────────────────┘

실험 목적

모든 동식물은 죽으면 그 몸이 부패하여 식물의 뿌리가 흡수할 수 있는 비료 성분이 된다. 이러한 부패를 일으키는 주인공은 여러 가지 미생물이다. 메주에 들어 있는 미생물을 이용하여 부패되는 과정을 눈으로 확인해보자.

실험 방법

1. 4개의 지프 백 각각에 '가, 나, 다, 라'라고 유성 사인펜으로 표시를 한다.
2. 메주 조각을 가위로 잔잔하게 쪼개어 종이컵으로 반 컵 정도 준비한다.
3. 바나나 2,3개의 껍질을 벗기고, 가위로 속살을 썰어서 양이 비슷하게 4개의 무더기를 만든다.
4. 지프 백 '가'에는 썰어둔 바나나만 한 무더기 넣고, '나'에는 바나나와 메주가루 한 스푼을 넣고 흔들어 고루 섞이도록 한다. '다'에는 바나나와 물 한 컵을, '라'에는 바나나와 메주가루 1스푼과 물 1컵을 각각 담고 흔들어 섞은 다음 입구를 모두 봉한다.
5. 4개의 지프 백이 각각 어떻게 변하는지 며칠간 변화를 살펴보자.

메주가루   바나나썰은모양

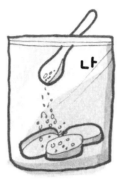
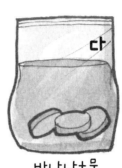

바나나 조각   바나나+메주   바나나+물   바나나+메주+물

실험 결과

하루 이틀 지나면, '가'의 바나나는 검은 색으로 변하고, '나'에 든 바나나에는 곰팡이도 생겨나고 많이 변질되어 있다. '다'의 바나나에도 약간의 변화가 일어난다. '라'의 지프 백에 든 바나나는 훨씬 빨리 부패가 진행되어 물에서 기포(탄산가스)가 발생하고 있으며, 이 가스가 지프 백을 부풀게 한다. 심하게 부패가 진행되면 지프 백 틈새로 냄새까지 베어 나온다.

연구

미생물은 죽은 동식물에서 영양분을 얻으며 번식한다. 이러한 것을 우리는 부패라고 말하며, 부패할 때는 탄산가스가 많이 발생한다. 미생물은 먹을 영양분과 수분, 적당한 온도만 갖추면 무서운 속도로 불어난다.
 메주에는 콩을 부패(발효)하게 한 미생물 종류(박테리아와 곰팡이류)가 수백만 개 들어 있다. 그러므로 메주가루를 섞은 바나나는 부패박테리아의 작용이 더 왕성하여 빨리 썩기 시작한다. '라'처럼 물 속의 바나나에서는 비닐을 통해 탄산가스 기포를 관찰하기 좋다.

실험108

소금물과 설탕물, 오래 끓이면 어떻게 변하나?

┌─ 준비물 ─
- 설탕과 소금
- 작은 프라이팬 2개
- 물 컵
└─

실험 목적 소금과 설탕은 모두 희고 물에 잘 녹는다. 설탕과 소금물을 오래도록 끓이면 어떤 변화가 일어날까?

실험 방법
1. 두 개의 프라이팬에 각각 물 1컵을 붓고, 하나에는 설탕 한 숟가락을, 다른 것에는 소금 한 숟가락을 넣는다.
2. 각각의 프라이팬을 휘저으면서 수분이 다 없어질 때까지 끓인다.
3. 소금물 프라이팬과 설탕물 프라이팬에는 어떤 변화가 일어났는가?

실험 결과 소금물을 끓이면 물은 모두 증발하고 마지막에는 소금의 결정만 남는다. 그러나 설탕물을 끓이면 차츰 갈색으로 변하고 나중에는 캐러멜처럼 되었다가 까맣게 타버린다.

연구 소금의 성분은 염소와 나트륨으로 되어 있으며, 끓인다고 해서 다른 화학변화가 일어나지 않는다. 그러나 설탕은 탄소, 수소, 산소 3가지 성분으로 되어 있으며, 높은 열을 주면 각각의 분자들이 서로 분리된다. 설탕은 섭씨 189도가 되면, 수소와 산소가 결합하여 물이 되고 탄소만 남는다. 물이 증발해버리면 설탕물은 탄소만 남아 갈색으로, 나중에는 검은색 탄소만 재로 남게 된다.

실험109 짠 것을 많이 먹으면 왜 갈증이 나는가?

┌─ 준비물 ─────────────────────────────┐
- 배추 잎 몇 조각과 소금 약간
- 접시
- 짠 비스킷이나 장아찌 조금
└──────────────────────────────────────┘

실험 목적
배추에 소금을 뿌리면 왜 절어버리는가? 짠 음식을 먹고 나면 왜 물을 찾는가? 땀을 많이 흘리고 난 뒤에는 왜 갈증을 느끼는가? 그 이유를 알아보자.

실험 방법
실험1 - 접시에 배추 잎을 놓고 그 위에 소금을 뿌려둔 후, 30분쯤 후에 살펴보자. 배추 잎의 모양은 어떻게 변했는가?
실험2 - 짠 비스킷이나 장아찌를 몇 개 계속하여 먹어보자. 물을 마시고 싶지 않은가? 물을 찾는 이유는 무엇일까?

장아찌

실험 결과

1. 배추 잎에 소금을 뿌려두면 배추 잎은 내부의 수분을 배출하면서 시들시들 절게 된다.
2. 짠 음식을 먹고 나면 곧 물을 마시고 싶어진다.

연구

소금을 뿌린 배추가 절개 되는 것은 세포 속의 수분이 빠져나옴으로써 세포가 죽어버린 때문이다.

우리 몸의 세포와 혈관 속에는 소금기가 상당량 포함되어 있다. 만일 소금기가 너무 많으면 혈압이 높아지고 신장에 이상이 생긴다. 뇌의 아래쪽에 있는 '시상하부'라는 부분에서는 이 사실을 알고 소금의 농도를 희석시키도록 갈증이 나게 만든다.

운동을 심하게 하여 땀을 많이 흘리면 몸 안의 소금기도 빠져나온다. 그렇다고 소금만 보충하는 것은 잘못된 일이다. 물도 함께 먹어야 한다. 땀을 흘리면 근육 세포에도 수분이 부족해지는데, 그렇게 되면 근육이 정상으로 활동하지 못한다.

배추

팽팽한세포

시든세포

제6장

실험110 삶은 계란을 간장에 넣어두면 왜 뜨는가?

┌─ **준비물** ─────────────────┐
- 삶은 계란 몇 개
- 계란 간장절임을 담을 유리병
- 간장
└──────────────────────────┘

실험 목적

어머니는 식초가 든 소금물에 오이를 절여서 새큼한 오이피클을 만든다. 이런 피클은 잘 상하지 않아 오래 두고 먹을 수 있다. 계란을 간장에 절인 것이 계란 절임(계란 피클)이다. 이것은 흔히 쇠고기 장조림과 함께 먹는 반찬이다. 어머니가 계란 절임을 만들 때, 만드는 방법도 배울 겸 계란의 변화를 살펴보자.

실험 방법

1. 계란 몇 개를 푹 삶아, 껍데기를 벗겨낸다.
2. 유리병에 계란을 담고 절임용 간장을 붓는다.
3. 삶은 계란은 간장에 뜨지 않는가? 언제쯤 간장 속에 가라앉게 될까?

실험 결과

막 삶아낸 계란은 간장 안에서 가라앉지 않고 떠 있다. 그러나 억지로 병 안에 밀어 넣고 뚜껑을 달아두면 며칠 후 전부 가라앉는다.

연구

삶은 계란은 간장보다 비중이 가벼워 처음에는 모두 뜬다. 만일 계속 떠 있다면 절임이 되기 어려울 것이다. 그러나 간장의 성분이 계란 속으로 스며들면, 계란의 비중이 커져 차츰 가라앉게 된다.

음식을 오래 두고 먹기 위해 소금에 절이는 방법을 흔히 쓰고 있다. 이때 식초나 설탕, 또는 다른 조미료를 섞으면 맛좋은 저장식품이 된다. 우리 집 반찬 중에 어떤 절임이나 조림이 있는지 살펴보고, 만드는 방법도 알아보자.

실험111 뜨거운 음식은 싱거울까 짜게 느껴질까?

┌─ 준비물 ─
– 냉수에 소금을 반 숟가락 넣고 녹인 물 1컵과 종이컵 3개
– 냉수에 설탕을 반 숟가락 넣고 녹인 물 1컵과 종이컵 3개
– 레몬주스 반 컵에 냉수를 채운 컵과 종이컵 3개

실험 목적

대부분의 음식은 뜨겁게 열을 주어 만들고, 그래야 맛이 있다. 그 이유를 실험으로 알아보자.

실험 방법

1. 소금을 녹인 물을 종이컵 3개에 나누어 담고, 1개는 냉장고, 1개는 전자렌지, 나머지 1개는 식탁에 그대로 둔다.
2. 30분쯤 후 냉장고에서 꺼낸 소금물과, 전자렌지에서 30초 동안 데운 소금물, 그리고 식탁에 그대로 둔 소금물의 짠맛을 비교해보자. 어느 것이 가장 짜게 느껴지나?
3. 같은 방법으로 설탕물을 실험했을 때 어디에 둔 설탕물이 가장 달게 느껴지나?
4. 레몬주스로도 같은 실험을 했을 때 어느 컵의 것이 맛이 가장 시게 느껴지나?

(* 이 실험은 어머니의 도움을 받으며 해야 한다.)

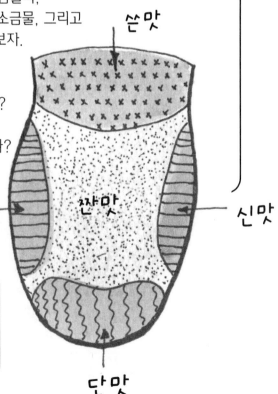

쓴맛

신맛   짠맛   신맛

단맛

실험 결과

1. 소금물은 식탁에 그냥 둔 것이 가장 짜게 느껴진다.
2. 설탕물은 따뜻한 컵의 것이 더 달게 느껴진다.
3. 레몬주스는 따뜻한 것이 더 신맛이 난다.

우리의 입은 단맛, 짠맛, 쓴맛, 신맛 4가지 맛을 느낄 수 있다. 짠맛과 쓴맛은 보통 온도(섭씨 22도-40도)에서 제일 강하게 느끼고, 단맛과 신맛은 이 보다 온도가 높을 때 더 강하게 느낀다. 그래서 아이스크림을 제조할 때는 과자보다 설탕을 많이 넣어 사람들이 단맛을 즐기도록 한다.

　사람들이 수천가지 음식의 맛을 다르게 느끼는 것은 그 음식에 포함된 냄새 때문이다. 즉 온갖 음식의 독특한 맛은 이 4가지 기본 맛과 수천가지 냄새가 어우러진 것이다.

　음식이 너무 뜨거우면 혀의 신경은 맛을 잘 느끼지 못한다. 그리고 인간의 혀가 가장 민감하게 느끼는 맛은 쓴맛이다. 쓴맛에는 대개 독성분이 있으므로 위험을 피하는데 도움이 된다. 앞페이지 그림은 각각의 맛을 특히 강하게 느끼는 부분을 표시한다.

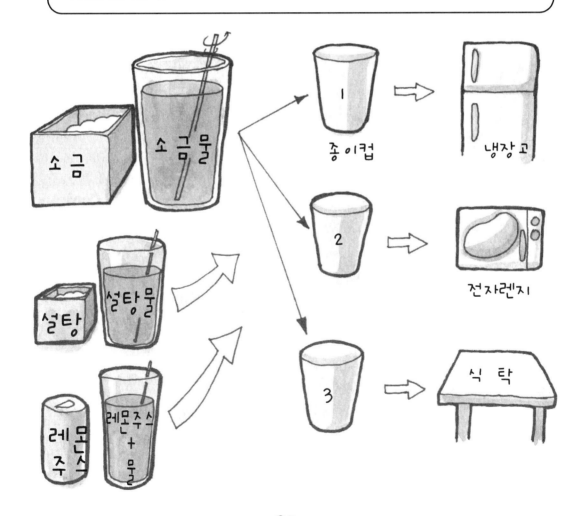

실험112 집안의 먼지 양을 조사하는 공해 검사

┌─ 준비물 ─────────────────────────┐
- 엽서 크기의 반듯한 검은 종이 3-4매
- 와셀린(바셀린)   - 접착테이프
└────────────────────────────────┘

실험 목적
나의 공부방, 현관, 창문 밖, 대문 근처에는 얼마나 많은 먼지가 날려 오는지 간단한 방법으로 공해검사를 해보자.

실험 방법
1. 3장(또는 4장)의 검은 종이 한쪽 표면에 와셀린을 골고루 바른다 (접착테이프를 붙일 곳은 바르지 않는다.).
2. 이것을 먼지 검사를 하려는 장소에 접착테이프로 붙여둔다.
3. 24시간 또는 1주일 후 와셀린 표면에 붙은 먼지의 종류와 양을 확대경으로 조사해보자. 어느 장소에 얼마나 더 많은 먼지가 붙어 있으며, 그 원인은 무엇인지 생각해보자.

실험 결과

먼지는 방안보다 바깥이 많게 마련이다. 대개 공부방이 가장 적고 그 다음이 현관, 창밖, 대문 근처 순서로 많을 것이다. 먼지 종류는 차가 지나다니는 도로에서 날아온 것, 멀리 화력발전소나 공장에서 온 것, 건축공사장의 먼지, 꽃가루, 황사 등 여러 가지이다.

연 구

오늘날의 사람들은 모두가 온갖 종류의 공해를 염려한다. 공해의 원인으로는 먼지, 유해 가스, 화공약품, 방사선, 시끄러운 소리(소음), 필요 없는 곳의 불빛 등 여러 가지이다. 만일 여러분의 집으로 먼지가 많이 온다고 판단되면, 되도록이면 창문을 닫고 살도록 해야 할 것이다.

먼지가 많으면 건강에도 나쁘지만 집안이 잘 더러워진다. 대부분의 먼지는 너무 미세하여 눈으로 확인하기 어려우나, 와셀린이 더러워진 정도를 보면 짐작할 수 있다.

실험113

황사가 날려 오는 방향을 조사해보자

┌─ 준비물 ─────────────────────────────────
- 엽서 크기의 검은 종이 4장
- 가로, 세로 20센티미터 정도의 판자 4개 (명판을 만든다)
- 와셀린   - 접착테이프와 나침반
└──

실험 목적

봄철이 되면 우리나라에는 중국대륙으로부터 황사가 대량 날려 온다. 황사는 중국대륙의 사막지대에서 바람에 날린 흙먼지가 우리나라로 오는 것이다. 황사풍이 부는 날이면 온 하늘이 뿌옇게 변하며, 이런 날이 며칠간 계속되기도 한다. 황사만이 아니라 공해 먼지 등이 날려 오는 방향을 실험112와 비슷한 방법으로 조사해보자.

실험 방법

1. 4개의 판자에 자루를 달아 명판을 만든다.
2. 명판에 검은 종이를 각각 접착테이프로 붙인다.
2. 검은 종이 위에 와셀린을 고루 바른다.
3. 황사가 오는 날의 예보를 듣고, 준비한 4개의 명판을 검사할 곳에 동, 서,남,북 방향으로 세운다. (건물 옥상이라면 4개의 화분에 꽂아 세워도 된다.)
4. 황사 바람이 그친 뒤 검은 종이를 확대경으로 살펴보자. 어느 방향으로 향한 판자에 더 많은 황사가 묻어 있는가?

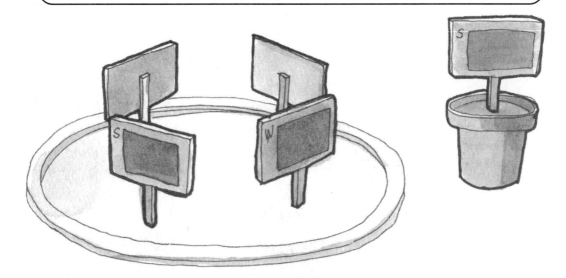

황사현상은 봄과 초여름에 걸쳐 자주 나타난다. 황사가 오는 방향은 주로 동북방향이다. 황사의 입자는 매우 작아 맨눈으로는 볼 수 없을 정도이다.

풀이나 나무가 자라지 않는 사막에 강한 바람이 불면 모래흙이 날려가게 된다. 이때 무거운 모래는 멀리 가지 못하지만, 먼지 같이 작은 입자는 공중으로 올라가 우리나라를 건너 일본까지도 날아간다. 황사 속에는 중국의 공장지대에서 발생한 공해 먼지까지 포함되어 있어 경계해야 할 대상이다.

황사나 다른 공해 먼지가 날아오는 방향에 키 큰 나무를 심어두면 먼지를 막아주는 역할을 한다. 마을 둘레에 심은 나무는 태풍과 공해까지 가려주는 것이다.

제6장

실험114 바닷물로 소금기 없는 식수 만들기

┌─ **준비물** ─────────────────┐
- 바닷물 (또는 소금물)   – 대야와 컵 1개
- 대야보다 넓은 비닐   – 동전 1개
└───────────────────────────┘

실험 목적

외딴 작은 섬에서는 자주 식수가 부족하다. 장거리 항해 중에 배에 물이 떨어지면 어떻게 하나? 태양열을 이용하여 바닷물에서 소금기를 제거한 물을 얻어 보자.

실험 방법

1. 대야를 햇볕이 잘 드는 곳에 놓는다.
2. 바닷물을 둥근 대야에 담는다.
3. 대야의 중앙에 빈 컵을 놓는다.
4. 대야 위를 그림처럼 비닐을 팽팽하게 펴서 덮고, 비닐 중앙에 동전을 놓는다.
5. 대야의 물이 증발하여 비닐 중앙에서 물방울이 되어 컵에 떨어지는 것을 관찰하자.

벽돌

비닐을 덮은 대야 안은 온실처럼 더워져 바닷물은 증발하여 수증기가 되고, 수증기는 비닐 표면에서 응축하여 물방울이 된다. 비닐의 물방울은 비탈을 타고 흘러내려 동전이 놓인 곳에서 아래로 떨어져 컵에 담긴다.

일반적으로 바닷물에서 소금기를 제거하려면 물을 끓여서 수증기가 발생하도록 한다. 이 실험에서 대야 안의 물은 태양빛이 강할수록 그리고 기온이 높을수록 빨리 증발하여 더 많은 증류수를 만들 것이다.

 무인도에서 마실 물이 필요할 때, 비닐만 있다면 위의 그림과 같이 모래밭에 구덩이를 파고 비닐을 덮으면 시간이 걸리지만 식수를 얻을 수 있다. 이것은 태양 증류법이다. 중동의 여러 사막 나라에서는 바닷물을 민물로 만드는 거대한 담수공장을 건설하여 식수를 얻고 있다.

제6장

실험115

산성비, 산성 토양을 검사해보자

준비물

- 유리컵이나 유리병 4~5개
- 리트머스 시험지(과학실험실에서 구하며, 사용법은 선생님께 배운다)
- 수돗물, 냇물, 빗물, 생수, 증류수 등
- 시험할 곳의 흙   - 증류수 (실험실에서 구한다)

실험 목적

"산성비가 내린다."라든지 "토양이 산성화되었다."는 등의 이야기를 뉴스나 어른들로부터 자주 듣는다. 산성비, 산성토양이 무엇이며, 그것을 어떻게 확인하는지 알아보자.

산성비 내림

실험1 - 물의 산성도 검사 방법

실험 방법

1. 실험에 사용할 유리병 안을 비누를 사용하여 깨끗이 씻고, 여러 차례 헹군 뒤 완전히 말린다.
2. 각 유리병에 라벨을 붙이고 검사할 물의 종류 이름을 '수돗물, 빗물, 증류수, 냇물' 등으로 쓴다.
3. 각 병에 해당하는 물을 반 컵 정도 담는다.
4. 리트머스 시험지를 한 장 핀셋으로 집어, 물에 적셔 색이 변하는 것을 본다. 이 색을 대조판의 색과 비교하여 산성도를 수치로 알아보자. 각각의 물을 검사하여 비교한다.

실험2 - 토양의 산성도 검사

1. 실험1과 같이 깨끗이 씻은 유리병에 검사하려는 토양을 반 병 정도 담는다.
2. 흙이 담긴 병에 증류수를 반 컵 붓고 저어서 흙탕물이 가라앉도록 몇 분간 기다린다.
3. 맑아진 물에 리트머스 시험지를 적셔 즉시 대조 색과 비교하여 검사한다.

실험 결과

실험1 : 리트머스 시험지는 물의 산성도에 따라 청색 또는 적색으로 변한다. 산성의 물에서는 붉은색으로 변하며, 산성도가 높을수록 적색이 진해진다. 반면에 알칼리성 물에 적신 리트머스 시험지는 푸른색으로 변하고, 알칼리성이 강할수록 청색도 진해진다.

실험2 : 토양에 섞인 산성(또는 알칼리성)물질이 물에 녹으므로 산성도를 측정할 수 있다. 퇴비가 적게 포함된 땅은 산성화가 심하여 리트머스 시험지를 붉게 만든다.

핀셋

식초나 과일에 신맛이 나는 것은 산성물질이 포함된 때문이다. 공장 굴뚝 연기나 자동차의 배기가스 등에는 이산화황이라든가 산화질소와 같은 성분이 포함되어 있다. 이 화학물질은 구름 속의 물방울을 만나면 녹아들어 산성이 심한 빗물이 된다.

일반적으로 산성 빗물이란 산성도가 5.6 이하인 물을 말한다. 물이 산성이면 식물이 자라는데 방해가 되며, 흙까지 산성화시킨다. 자동차 매연이 심하거나 공장지대에서는 산성도가 강한 비가 내린다. 비가 쏟아지기 시작할 때 처음 내리는 비는 산성도가 더욱 심하다.

토양이 산성화되면 농작물이 잘 자라지 못한다. 토양 검사를 하여 산성토양이라고 판단되면, 탄산석회라든가 석회질소 또는 과산화석회라는 일종의 토양비료를 흙에 뿌려 중성화시키도록 한다.

순수한 물(증류수)은 산성도가 7이다. 이보다 수치가 높은 것은 알칼리성이라한다. 비누는 수치가 7보다 높은 약한 알칼리성이며, 수산화나트륨은 강한 알칼리성 물질이다.

흙

＜과학문화총서＞ 1,2권의 차례